"十三五"职业教育规划教材·信息技术类

智能楼寓出入口控制系统安装与调试

邓泽国　主编

电子工业出版社
Publishing House of Electronics Industry
北京·BEIJING

内 容 简 介

本书以最新职业学校专业教学标准和国家安防职业标准为依据，根据职业院校学生的特点选择教学内容，设计教学项目。全书共 10 章，含 17 个实训。主要内容包括：出入口控制系统的组成、技术要求、工程设计和设备选型，电子门禁系统、楼寓对讲系统和联网型对讲系统，停车场（库）管理系统，安防系统维护保养及安防工程费用计算，安防工程技术文件的编制及其深度要求。

本书既可作为职业院校"网络安防系统安装与调试"和"楼寓智能化设备安装与运行"专业的出入口控制系统安装与调试的教材，也可供出入口控制系统维护维修人员以及对出入口控制系统感兴趣的读者阅读参考。

图书在版编目（CIP）数据

智能楼寓出入口控制系统安装与调试 / 邓泽国主编．—北京：电子工业出版社，2017.7

ISBN 978-7-121-31974-7

Ⅰ．①智…　Ⅱ．①邓…　Ⅲ．①智能化建筑－安全设备－自动控制系统－设备安装②智能化建筑－安全设备－自动控制系统－调试方法　Ⅳ．①TU89

中国版本图书馆 CIP 数据核字（2017）第 139793 号

责任编辑：张来盛（zhangls@phei.com.cn）
印　　刷：涿州市般润文化传播有限公司
装　　订：涿州市般润文化传播有限公司
出版发行：电子工业出版社
　　　　　北京市海淀区万寿路 173 信箱　邮编　100036
开　　本：787×1 092　1/16　印张：14.75　字数：377.6 千字
版　　次：2017 年 7 月第 1 版
印　　次：2023 年 1 月第 9 次印刷
定　　价：39.80 元

前　言

"网络安防系统安装与调试"和"楼宇智能化设备安装与运行"专业是近几年职业院校的新兴专业。出入口控制系统安装与调试是网络安防系统安装与维护专业的专业技能课程。本书以职业院校网络安防系统安装与维护专业的培养目标、就业方向、职业能力要求和门禁职业资源为依据，以安防行业规范为标准，突出课程的实用性和先进性；体现理实一体化、"做中学"的职业教育理念。

本书共 10 章，包含 17 个实训。主要内容包括：出入口控制系统的组成、技术要求、工程设计和设备选型，电子门禁系统、楼宇对讲系统和联网型对讲系统，停车场（库）管理系统，安防系统维护保养及安防工程费用计算，安防工程技术文件的编制及其深度要求。具体编排如下：

第 1 章介绍出入口控制系统的概念、组成和分类，以及出入口控制系统的功能和管理方式。

第 2 章主要介绍出入口控制系统标准的技术要求，包括国家现行出入口控制系统的技术要求，以及出入口控制系统的防护级别、系统功能及系统各部分的功能要求。

第 3 章介绍出入口控制系统工程设计的规范标准、原则和要求，以及出入口控制系统的设计流程。

第 4 章介绍出入口控制系统设备选型的规定和要求。

第 5 章介绍电子门禁系统的组成、功能和特性，以及门禁系统的布线、硬件安装调试、实训，以及常见故障的检测方法。

第 6 章介绍楼宇对讲系统的常用标准、组成和分类，楼宇对讲系统的功能性能要求、接线方法，数字对讲系统常用设备，以及对讲系统实训。

第 7 章介绍联网型可视对讲系统的组成、联网模式、安装调试和技术要求，并通过实训介绍一个区口一栋楼多单元系统、多出口多户型小区对讲系统、高层小户型小区对讲系统和高层混合型小区对讲系统的设计、线材选择和安装方法。

第 8 章介绍停车场（库）管理系统的特点、设备组成、管理模式、工作流程和技术要求，并以典型停车场系统为例，通过实训介绍停车场管理系统的设计、设备安装、系统接线及调试。

第 9 章介绍安防系统维护保养的基本内容和要求，同时介绍安防工程建设费用和维护保养费用的计算方法。

第 10 章主要介绍安全防范工程技术文件的编制方法和要求。

本书由邓泽国主编，李欣洋、王春阳参编。在编写过程中，参考了国内外的相关书籍和技术文章、资料、图片以及产品安装使用手册等，并根据本书的体例需要，引用、借鉴了其中的一些内容。这些内容在书后以参考文献的形式给出，在此向原作者、有关产品厂商表示衷心的感谢。部分内容来源于因特网，由于无法一一查明原作者，所以不能准确列明出处，敬请谅解，欢迎相关作者与本书编者联系（电子邮箱：cydzg@163.com）。

本书是辽宁省教育科学"十三五"规划课题"中职基于教学质量诊断的有效课堂建设研究"（课题编号：JG17EB011）的阶段研究成果。

限于编者水平，书中错误、疏漏之处难免，敬请读者批评指正。

邓泽国
2017 年 4 月 18 日

目 录

第1章 出入口控制系统概述 …………………………………………………… (1)

  1.1 出入口控制系统组成和原理 ………………………………………… (1)

    1.1.1 引言 ……………………………………………………………… (1)

    1.1.2 出入口控制系统的概念和组成 …………………………………… (3)

    1.1.3 出入口控制系统原理 ……………………………………………… (3)

    1.1.4 信息识别 …………………………………………………………… (5)

  1.2 出入口控制系统分类 ………………………………………………… (5)

    1.2.1 按识别技术的组合分类 …………………………………………… (5)

    1.2.2 按硬件构成分类 …………………………………………………… (6)

    1.2.3 按照管理/控制方式分类 …………………………………………… (7)

    1.2.4 按现场设备连接方式分类 ………………………………………… (8)

    1.2.5 按联网模式分类 …………………………………………………… (8)

    1.2.6 按管理门的数量不同分类 ………………………………………… (9)

  1.3 出入口控制系统的功能和管理方式 ………………………………… (10)

    1.3.1 出入口控制系统的功能 …………………………………………… (10)

    1.3.2 出入口控制系统的管理控制方式 ………………………………… (11)

第2章 出入口控制系统技术要求 …………………………………………… (12)

  2.1 出入口控制系统技术要求概述 ……………………………………… (12)

    2.1.1 出入口控制系统技术要求标准 …………………………………… (12)

    2.1.2 出入口控制系统常用术语 ………………………………………… (13)

  2.2 系统防护级别 ………………………………………………………… (14)

  2.3 系统功能 ……………………………………………………………… (16)

  2.4 系统各部分的功能要求 ……………………………………………… (18)

    2.4.1 识读、管理/控制部分 ……………………………………………… (18)

    2.4.2 执行部分的功能要求和传输要求 ………………………………… (18)

    2.4.3 电源 ………………………………………………………………… (19)

第3章 出入口控制系统工程设计 …………………………………………… (21)

  3.1 出入口控制系统工程设计标准 ……………………………………… (21)

  3.2 出入口控制系统工程设计概述 ……………………………………… (22)

  3.3 系统设计流程 ………………………………………………………… (23)

    3.3.1 设计任务书的编制 ………………………………………………… (23)

3.3.2 现场勘察 ·· (24)

3.3.3 初步设计 ·· (24)

3.3.4 方案论证 ·· (26)

3.3.5 施工图设计文件的编制 ·· (27)

3.4 设备要求 ·· (28)

3.4.1 设备结构、强度及安装要求 ·· (28)

3.4.2 安全性要求 ·· (29)

3.4.3 电磁辐射和防雷接地要求 ·· (29)

3.4.4 环境适应性要求 ··· (30)

3.4.5 产品说明书 ·· (30)

3.5 布线、供电、防雷与接地 ··· (31)

第4章 设备选型 ·· (33)

4.1 设备选型概述 ··· (33)

4.2 常用设备选型要求 ·· (33)

第5章 电子门禁系统 ··· (36)

5.1 门禁系统概述 ··· (36)

5.1.1 门禁系统的组成 ··· (36)

5.1.2 门禁系统的功能 ··· (37)

5.1.3 电锁的种类及其特性 ·· (37)

5.2 门禁系统布线 ··· (40)

5.2.1 布设线管要求 ··· (40)

5.2.2 线管线材选择 ··· (40)

5.2.3 RS485 门禁系统线材 ··· (41)

5.2.4 门禁系统布线要求 ·· (41)

5.2.5 门禁机连接示意图 ·· (42)

5.3 硬件安装、调试和故障检测 ·· (51)

5.3.1 安装 ·· (51)

5.3.2 调试 ·· (52)

5.3.3 常见故障的检测及检修 ··· (52)

5.4 门禁实训 ··· (55)

实训一 认识门禁电源 ·· (55)

实训二 安装四线电插锁 ·· (56)

实训三 八线电插锁的安装和使用 ·· (56)

实训四 安装磁力锁 ·· (58)

第6章 楼寓对讲系统 ··· (62)

6.1 楼寓对讲系统概述 ·· (62)

6.1.1 楼寓对讲系统的发展 ··· (62)

6.1.2 楼寓对讲系统常用标准 ··· (64)

6.2　楼寓对讲系统的组成和分类 ·· （65）

 6.2.1　楼寓对讲系统的组成 ·· （65）

 6.2.2　楼寓对讲系统的分类 ·· （66）

6.3　对讲系统的功能要求 ·· （68）

 6.3.1　基本功能要求 ·· （68）

 6.3.2　扩展功能要求 ·· （69）

 6.3.3　报警控制和管理要求 ·· （69）

6.4　对讲系统的性能要求 ·· （73）

 6.4.1　音频特性 ·· （73）

 6.4.2　视频特性 ·· （74）

 6.4.4　电气安全性 ·· （74）

 6.4.5　电磁抗扰度要求 ·· （75）

 6.4.6　标志 ·· （76）

6.5　楼寓对讲系统接线 ·· （76）

 6.5.1　可视对讲系统接线 ·· （76）

 6.5.2　联网切换器与层间适配器之间的水平接线 ································ （78）

 6.5.3　层间适配器之间的水平接线 ·· （80）

 6.5.4　层间适配器、小门口机、室内分机之间的接线 ···························· （83）

 6.5.5　智能视频切换器接线 ·· （83）

 6.5.6　增加的系统电源与层间适配器之间的接线 ································ （88）

 6.5.7　信号转换器 ·· （88）

6.6　数字对讲系统常用设备 ·· （92）

 6.6.1　主机 ·· （92）

 6.6.2　分机 ·· （98）

 6.6.3　电源 ··· （103）

 6.6.4　管理机 ··· （103）

6.7　实训：安装二线制非可视对讲系统 ··· （109）

第7章　联网型可视对讲系统 ··· （115）

7.1　联网型可视对讲系统的构成与联网模式 ··· （115）

 7.1.1　联网型可视对讲系统的构成 ·· （115）

 7.1.2　联网型可视对讲系统的联网模式 ·· （116）

7.2　联网型可视对讲系统设计 ·· （118）

 7.2.1　系统设计 ··· （118）

 7.2.2　传输方式设计 ··· （120）

 7.2.3　传输设备选型要求 ··· （121）

 7.2.4　布线设计规定 ··· （121）

 7.2.5　供电设计 ··· （123）

7.3　设备安装要求 ··· （123）

7.4　联网型可视对讲系统的技术要求 ··· （124）

  7.4.1 基本功能要求 ·· （124）

  7.4.2 报警功能要求 ·· （125）

  7.4.3 扩展功能 ·· （128）

  7.4.4 通话传输特性 ·· （128）

  7.4.5 视频特性 ·· （129）

  7.4.6 系统安全性和环境适应性要求 ·································· （130）

  7.4.7 供电技术要求 ·· （131）

 7.5 可视对讲系统实训 ··· （131）

  实训一 梯口机与电锁的连接 ·· （132）

  实训二 安装调试梯口设备 ·· （133）

  实训三 安装调试楼内设备 ·· （140）

  实训四 安装调试一个区口一栋楼多单元对讲系统 ···················· （143）

  实训五 多出口多层小区对讲系统 ···································· （144）

  实训六 高层少户型小区对讲系统 ···································· （147）

  实训七 高层混合型小区对讲系统 ···································· （150）

 7.6 对讲系统故障排除 ··· （153）

  7.6.1 常见故障及处理 ·· （153）

  7.6.2 非可视对讲系统常见故障及排除 ································ （154）

  7.6.3 数字分机故障分析与排除 ······································ （154）

第8章 停车场管理系统 ·· （156）

 8.1 停车场管理系统概述 ··· （156）

  8.1.1 停车场管理系统的特点 ·· （156）

  8.1.2 停车场控制设备 ·· （156）

 8.2 停车场管理系统结构 ··· （158）

  8.2.1 总线型管理模式 ·· （158）

  8.2.2 局域网管理模式 ·· （159）

  8.2.3 综合管理模式 ·· （159）

 8.3 停车场管理系统工作流程 ··· （160）

 8.4 停车场控制设备技术要求 ··· （162）

  8.4.1 外观及机械结构要求 ·· （162）

  8.4.2 功能要求 ·· （163）

  8.4.3 停车场出入口控制系统的性能要求 ······························ （165）

 8.5 停车场管理系统实训 ··· （166）

  实训一 认识停车场系统 ·· （166）

  实训二 安装停车场管理系统安全岛设备 ······························ （169）

  实训三 安装地感线圈 ·· （175）

  实训四 安装调试道闸和入口票箱 ···································· （178）

  实训五 系统接线及调试 ·· （181）

第9章 安防系统维护保养及安防工程费用计算 ································ （185）

　9.1　安防系统维护保养的一般要求 ······································· （185）

　9.2　安防系统维护的基本内容和质量要求 ································· （185）

　　9.2.1　维护的基本内容 ··· （185）

　　9.2.2　入侵报警系统维护 ··· （186）

　　9.2.3　视频安防监控系统维护 ······································· （186）

　　9.2.4　出入口控制系统维护 ··· （187）

　　9.2.5　电子巡查系统维护 ··· （188）

　　9.2.6　停车场（库）管理系统维护保养 ······························· （188）

　　9.2.7　电源设备、防雷接地、线缆及监控中心设备维护 ················· （188）

　9.3　安防工程建设费用计算 ··· （189）

　　9.3.1　工程建设费用 ··· （189）

　　9.3.2　工程建设其他费用 ··· （199）

　　9.3.3　预备费和专项费用 ··· （203）

　9.4　安防工程维护保养费 ··· （204）

　　9.4.1　费用组成 ··· （204）

　　9.4.2　维护保养勘察设计费 ··· （204）

　　9.4.3　维护保养服务费 ··· （205）

第10章 安全防范工程技术文件的编制 ································· （207）

　10.1　项目建议书 ·· （207）

　　10.1.1　项目建议书概述 ·· （207）

　　10.1.2　项目建议书的编制要求 ······································ （207）

　10.2　可行性研究报告 ·· （209）

　　10.2.1　设计说明 ·· （209）

　　10.2.2　设计图纸 ·· （212）

　　10.2.3　工程造价估算 ·· （213）

　10.3　设计任务书 ·· （214）

　　10.3.1　任务书设计概述 ·· （214）

　　10.3.2　设计任务书的编制 ·· （214）

　10.4　初步设计文件 ·· （214）

　　10.4.1　一般要求 ·· （214）

　　10.4.2　设计说明 ·· （214）

　　10.4.3　初步设计图纸 ·· （218）

　　10.4.4　主要设备和材料清单 ·· （219）

　　10.4.5　工程概算书 ·· （219）

　10.5　施工图设计文件 ·· （219）

　　10.5.1　设计说明 ·· （219）

　　10.5.2　施工图设计图纸 ·· （222）

　　10.5.3　设备材料清单和工程预算书 ·································· （223）

10.6　竣工资料 ……………………………………………………………（223）

　　10.6.1　竣工资料一般要求 ……………………………………………（223）

　　10.6.2　竣工文件 ………………………………………………………（223）

　　10.6.3　竣工图纸 ………………………………………………………（225）

参考文献 ………………………………………………………………………（226）

第1章 出入口控制系统概述

本章主要介绍出入口控制系统的概念、组成和分类，同时介绍出入口控制系统的功能和管理方式。

1.1 出入口控制系统组成和原理

1.1.1 引言

出入口控制系统又称为门禁控制系统，简称门禁系统，如图 1-1 所示。出入口控制系统是采用现代电子技术与信息技术，对建筑物、建筑群、特殊场所等出入目标实行管制的智能化系统。使用该系统，可以提高出入口管理的效率和安全系数。所以，出入口控制系统的开发与应用，必须满足对出入目标的授权管理要求，完成对出入口目标的访问级别设置、出入行为鉴别以及可出入次数的控制和记录，并具备多种同时处理能力。

近几年，随着感应卡技术、生物识别技术的迅速发展，现代出入口控制系统已经从机械门锁、电子磁卡锁、电子密码锁，向感应式门禁控制、指（掌）纹门禁控制、虹膜门禁控制、面部识别门禁等系统发展，而且技术性能日趋成熟。这些技术在安全性、方便性、易管理性等方面各有所长，使出入口控制系统获得了越来越广泛的应用。

常见的出入口控制系统有三种：密码门禁系统、生物识别门禁系统和刷卡门禁系统。

图 1-1 门禁系统

1. 密码门禁系统

密码门禁系统如图 1-2 所示。通过输入密码，系统若判断密码正确就驱动电锁，打开门放行。

优点：只需要记住密码，不需要携带其他介质；在三种门禁系统中成本最低。

缺点：速度慢，输入密码一般需要几秒钟，如果进出的人员过多，就需要排队；如果输入密码错误，需要重新输入，耗时较长，安全性最差；旁边的人容易通过手势记住别人的密码，密码容易忘记和泄露。

趋势：密码门禁使用的场合越来越少，只有在对安全性要求低、要求成本低、使用不频繁的场所还在使用。

2. 生物识别门禁系统

生物识别门禁系统即根据人体生物特征的不同而识别身份的门禁系统。常见的有：指纹门禁系统（如图 1-3 所示）、掌型门禁系统、虹膜门禁系统（如图 1-4 所示）、人像识别门禁系统（如图 1-5 所示）等。

图 1-2 密码门禁系统

图 1-3 指纹门禁系统（指纹机）

图 1-4 虹膜门禁系统

图 1-5 人脸识别门禁系统

优点：无须携带卡片等介质，重复的几率小，不容易被复制，安全性高。

缺点：成本高；由于生物识别需要比对很多参数特征，比对速度慢，不利于人员过多的场所；人体的生物特征会随着环境和时间的变化而变化，因此容易产生拒识率。

所以，生物识别系统虽然先进和安全，但是应用的范围有限，只有在人数不多、安全性要求不高、不担心成本高等少数场合使用，不是当前门禁的主流。

3. 刷卡门禁系统

根据卡的种类，刷卡门禁系统又分为接触卡门禁系统和非接触卡门禁系统。

接触卡门禁系统如图 1-6 所示。这种门禁系统由于接触而使卡片容易磨损，使用次数不多，卡片容易损坏等，使用的范围已经越来越少，只有在和银行卡有关的场合被使用。

非接触卡门禁系统如图 1-7 所示。由于其耐用、性价比高、读取速度快、安全性高等优点，这种门禁系统已成为当前门禁系统的主流。因此，当前也有人将非接触 IC 卡门票系统称为门禁系统。

图 1-6 接触卡门禁系统

图 1-7 非接触卡门禁系统（自动门）

1.1.2　出入口控制系统的概念和组成

出入口控制系统是利用自定义识别或模式识别技术,对出入口目标进行识别并控制出入口执行机构启闭的电子系统。其典型例子是车站、景区等出入口的翼闸,如图 1-8 所示。

出入口控制系统主要由识读部分、传输部分、管理/控制部分和执行部分以及相应的系统软件组成。

识读部分是门禁系统的前端设备,包括识别卡、读卡器、控制器、电磁锁、出门按钮、钥匙、指示灯和警号等。

传输部分负责信号的传输,由各种电缆、光纤等组成,整个系统一般采用专线或网络传输。

图 1-8　翼闸

管理机上安装有门禁系统的管理软件,它管理着系统中所有的控制器,向它们发出指令,对它们进行设置,接收其发来的信息,完成系统中所有信息的分析与处理。

控制器接收底层设备发来的相关信息,并将它与自己存储的信息相比较,然后做出判断,之后发出处理的指令,也接收控制主机发来的指令。

出入口控制系统的组成框图如图 1-9 所示。

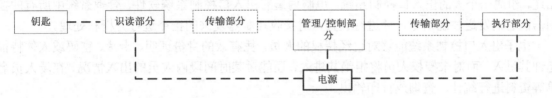

图 1-9　出入口控制系统的组成框图

其中,钥匙用于操作出入口自动控制系统,是指取得出入权的信息或其载体。钥匙所代表的信息可以具有表示人或物的身份、通行的权限、对系统的操作权限等单项或多项功能。常见的钥匙有指纹、门禁磁卡等。

1.1.3　出入口控制系统原理

出入口控制系统一般分为卡片出入口控制系统和人体自动识别控制系统两大类。

卡片出入口控制系统主要由读卡机、中央控制器、卡片和报警监控系统组成。最简单的卡片是光卡,使用较多的卡片是磁卡、激光卡、感应卡及影像比较卡。

人体自动识别系统主要依靠人体自动识别技术,利用人体生理特征的非同性、不变性和不可复制性进行身份识别。例如,人的字迹、虹膜、指纹、声音等生理特征几乎没有相同者,而且也无法复制其他人的这些生理特征。

出入口控制系统的基本结构如图 1-10 所示。该系统一般由表现层、控制层和处理层三个层次结构组成。

表现层是人机接口设备,包括身份识别器(读卡器、人体自动识别系统)、电子门锁、出入口按钮、报警传感器和报警喇叭等。

控制层是控制器,用来接收底层设备发送来的信息,同已经存储的信息相比较,判断后发出处理信息。一般，对于管理一个或几个门的小系统，只用一个控制器就可以构成一个简单的出入口控制系统。

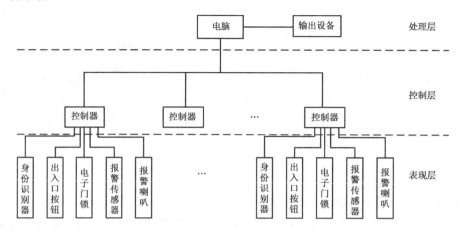

图 1-10 出入口控制系统的基本结构

处理层设备将身份识别的有关信息送进控制器，控制器识别判断后开锁、闭锁或发出报警信号。当出入口控制系统较大时，就需要将多个控制器构成的小系统通过通信总线与中央电脑相连，组成一个大的出入口控制系统。电脑内装有出入口控制系统软件，管理系统中所有的控制器向它们发送控制指令，并进行设置，对接收控制器发来的指令进行分析和处理。

电子出入口控制系统能够对已经授权的人员，凭有效的身份证明、卡片、密码或人体特征允许其进入，而对未授权人员将拒绝其进入，还能对某时间段内人员的出入情况、在场人员名单等资料进行统计、查询或打印输出。

出入口控制系统在防范范围内的办公室门、通道门、营业大厅门上安装有开关报警器，在设定时间内（如下班后、上班前）被监视的门打开时控制中心给予记录和报警。

某些重要出入口的大门，既要监视又要控制，就需要安装开关型报警器和自动门锁，以控制其开启。通常还要配以出入人员的身份识别装置，例如安装智能读卡器，非持卡人员则不能自动进入。自动进入人员会在管理中心记录下其姓名、进入时间等资料，从而确保高度安全。

如前所述，出入口控制系统主要由识读部分、传输部分、管理/控制部分和执行部分以及相应的系统软件组成。其中，识读部分的主要功能是通过对出入凭证的验证，判断出入人员是否被授权出入。只有出入者的出入凭证正确才能放行，否则拒绝通过。出入凭证主要有如下三类：

（1）卡片出入凭证，如磁卡、条码卡、IC 卡、ID 卡等；

（2）个人识别码凭证，如固定键盘输入技术；

（3）人体生物识别凭证，如指纹、虹膜、声音等。

管理部分根据安全等级要求，设置入口管理规则。既可以对出入人员按控制原则进行多种管理限制，也可以对出入人员实现时间限制，对整个系统实现控制。此外，还能对出入者的相关信息、出入检验过程等进行记录，并可以随时查阅或打印。

执行部分主要是出入口自控锁，它由控制主机控制，根据出入凭证的检验结果来执行启闭，从而实现是否允许出入。

1.1.4 信息识别

1. 信息识别分类

信息识别是出入口控制系统的重要概念。出入口控制系统的信息识别分为自定义特征信息识别和模式特征信息识别两类。

自定义特征信息识别包括：

（1）人员编码识别，即通过编码识别（输入）装置获取目标人员的个人编码信息的一种识别；

（2）物品编码识别，即通过编码识别（输入）装置读取目标物品附属的编码载体而对该物品信息的一种识别。

自定义特征信息识别的目标，是指通过出入口且需要加以控制的人员或物品；其目标信息是赋予目标或目标特有的、能够识别的特征信息，如数字、字符、图形图像、人体生物特征、物品特征、时间等。

模式特征信息识别包括：

（1）人体生物特征信息。目标人员个体与生俱来的、不可模仿或极难模仿的那些体态特征信息或行为，且可以被转变为目标独有特征的信息，称为人体生物特征信息。

（2）人体生物特征信息识别。它是指采用生物测定（统计）学方法，获取目标人员的生物特征信息并对该信息进行的识别。

（3）物品特征信息。它是指目标物品特有的物理、化学等特性且可以被转变为目标独有特征的信息。

（4）物品特征信息识别。它是通过辨识装置对预定物品特征信息进行的识别。

2. 身份识别技术

出入口控制系统要对进出人员的出入进行控制，首先要识别进出人员的身份。常用的身份识别技术可按以下方法分类：

（1）以个人识别码为凭证，主要有固定键盘及乱序键盘输入技术；

（2）以卡片作为出入凭证，如磁卡、条码卡、IC 卡、ID 卡等；

（3）以人体生物特征作为凭证，如指纹、视网膜、声音等。

1.2 出入口控制系统分类

出入口控制系统根据系统的识别技术、硬件构成、管理/控制方式、设备连接方式等进行分类。

1.2.1 按识别技术的组合分类

按识别技术的组合，出入口控制系统一般分为以下四类：

（1）简单型：电锁+各种卡。

"电锁+各种卡"系统在丢失或被盗之后，持卡人未发现之前，嫌疑人可能已经进行犯罪活动。因此，该系统虽然价格便宜，但安全可靠性差，只能做一般出入口控制或考勤之用。

（2）一般型：电锁+特征识别技术。

特征识别技术可以采用指纹、声音、签字、视网膜血管、面部图像特征等，这种系统安全、可靠性高。由于识别的是个人信息，因此具有不会丢失、不会忘记、不会被盗、不能借用、不易伪造等特点；但价格较高，其应用受到一定的限制。

（3）智慧型：电锁+识别卡+密码。

"电锁+识别卡+密码"方式比第（1）种安全可靠，当卡丢失或被盗后，因为不知道密码仍不能实施犯罪，除此之外还可以增加防劫紧急密码等。该系统价格适中，应用比较广泛。

根据识别设备的不同，目前市场上的出入口控制系统类别可以分为：

➢ 密码键盘，为最简单的出入口控制系统，只需输入密码即可以开门；
➢ 条码机，通过红外感应识别条码；
➢ 指纹机，通过识别人体固有指纹来控制人员的出入；
➢ 生物识别系统，通过人体的固有活体生物特征来控制人员的出入；
➢ 接触式 IC 卡读卡机，为外漏式接触芯片，必须使用芯片与某引动点碰触；
➢ 独立单门感应式 ID 卡读卡机；
➢ 独立单门感应式 IC 卡读卡机；
➢ 联网感应式 ID 系统；
➢ 联网感应式 IC 系统。

（4）内有独立处理器（CPU）的组合。

1.2.2　按硬件构成分类

出入口控制系统按其硬件构成可以分为一体型和分体型两类。

1. 一体型

一体型出入口控制系统的各个组成部分通过内部连接、组合或集成在一起，实现出入口控制的所有功能，如图 1-11 所示。

图 1-11　一体型出入口控制系统组成

2. 分体型

分体型出入口控制系统的各个组成部分，在结构上有分开的部分，也有通过不同方式组合的部分。分开部分与组合部分之间通过电子、机电等手段连成一个系统，实现出入口控制的所有功能。分体型出入口控制系统的组成结构如图 1-12 和图 1-13 所示。

图 1-12　分体型出入口控制系统的组成结构（一）

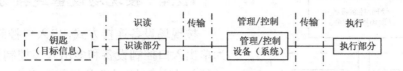

图 1-13　分体型出入口控制系统的组成结构（二）

1.2.3　按照管理/控制方式分类

按照管理/控制方式，出入口控制系统可以分为独立控制型、联网控制型和数据载体传输控制型三类。

1. 独立控制型

独立控制型出入口控制系统的管理与控制部分，其全部显示、编程、管理/控制等功能均在一个设备（出入口控制器）内完成，如图1-14所示。

2. 联网控制型

图 1-14　独立控制型

联网控制型的出入口控制系统，其管理与控制部分的全部显示、编程、管理、控制功能不在一个设备（出入口控制器）内完成。其中，显示和编程功能由另外的设备完成，设备之间的数据传输通过有线或无线数据通道及网络设备实现，如图1-15所示。

图 1-15　联网控制型

3. 数据载体传输控制型

数据载体传输控制型的出入口控制系统,它与联网型出入口控制系统的区别仅在于数据传输的方式不同，其管理与控制部分的全部显示、编程、管理、控制等功能也不是在一个设备（出入口控制器）内完成的，如图1-16所示。其中，显示和编程工作由另外的设备完成，设备之间的数据传输通过对可移动的、可读写的数据载体的输入/导出操作完成。

图 1-16　数据载体传输控制型

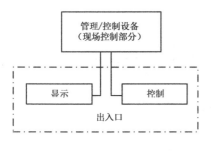

图 1-17　单出入口控制设备

1.2.4　按现场设备连接方式分类

按现场设备连接方式,出入口控制系统可以分为单出入口控制设备和多出入口控制设备。

单出入口控制设备仅能对单个出入口实施控制,如图 1-17 所示。

多出入口控制设备则能同时对两个以上出入口实施控制,如图 1-18 所示。

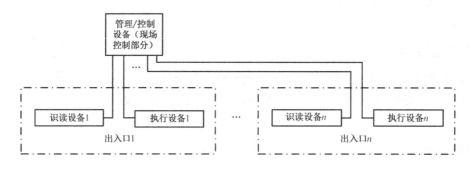

图 1-18　多出入口控制设备

1.2.5　按联网模式分类

按联网模式,出入口控制系统可以分为总线型、环线型、单级网和多级网出入口控制系统。

1．总线型

总线型出入口控制系统的现场控制设备,通过联网数据总线与出入口管理中心的显示、编程设备相连,每条总线在出入口管理中心只有一个网络接口,如图 1-19 所示。

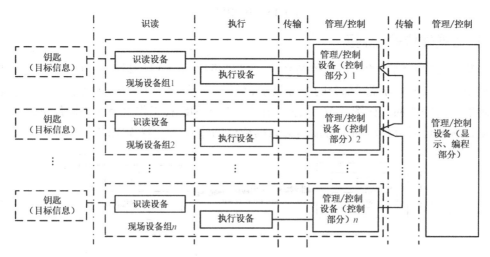

图 1-19　总线型出入口控制系统

2. 环线型

环线型出入口控制系统的现场控制设备，通过联网数据总线与出入口管理中心的显示、编程设备相连，每条总线在出入口管理中心有两个网络接口，当总线有一处发生断线故障时，系统仍能正常工作，并可以探测到故障的地点，如图1-20所示。

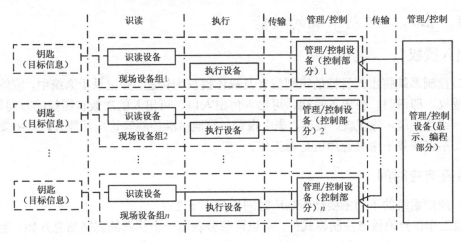

图1-20　环线型出入口控制系统

3. 单级网

单级网出入口控制系统的现场控制设备与出入口管理中心的显示、编程设备的连接，采用单一联网结构，如图1-21所示。

图1-21　单级网出入口控制系统

4. 多级网

多级网出入口控制系统的现场控制设备与出入口管理中心的显示、编程设备的连接，采用两级以上串联的联网结构，而且相邻两级网络采用不同的网络协议，如图1-22所示。

图1-22　多级网出入口控制系统

1.2.6　按管理门的数量不同分类

按管理门的数量，出入口控制系统可分为：

（1）小型系统；

（2）中型系统；

（3）大型系统；

（4）超大型系统。

1.3　出入口控制系统的功能和管理方式

1.3.1　出入口控制系统的功能

1. 出入授权

出入口控制系统将出入目标的识别信息及载体授权为钥匙，并记录于系统中，应能设定目标的出入授权，即何时、何出入目标、可出入何出入口、可出入的次数和通行的方向等权限。

对于网络型系统，除授权、查询、集中报警、异地核准控制等管理功能外，对所要求的功能而言，均不应依赖于中央管理机是否工作。

2. 系统响应时间

出入口控制系统的下列主要操作响应时间均应小于 2 s：

（1）除工作在异地核准控制模式外，从识读部分获取一个钥匙的完整信息开始，至执行部分开始启闭出入口动作的时间；

（2）从操作（管理）员发出启闭指令开始，至执行部分开始启闭出入口动作的时间；

（3）从执行异地核准控制后到执行部分开始启闭出入口动作的时间。

3. 计时

（1）系统校时：系统与事件记录、显示及识别信息有关的计时部分应有校时功能。在网络型系统中，运行于中央管理主机的系统管理软件每天宜设置向其他的与事件记录、显示及识别信息有关的各计时部件的校时功能。

（2）计时精度：非网络型系统的计时精度不低于 5 s/d，网络型系统的中央管理主机的计时精度不低于 5 s/d，其他的与事件记录、显示及识别信息有关的各计时部件的计时精度不低于 10 s/d。

4. 自检和故障指示

系统及各主要组成部分应具有表明其工作正常的自检功能，B、C 防护级别的还应该有故障指示功能。

5. 应急开启

出入口控制系统应该具有应急开启的方法，如：

（1）可以使用制造厂特制的工具采取特别方法局部破坏系统部件后，使出入口应急开启，且可以迅即修复或更换被破坏的部分。

（2）可以采取冗余设计，增加开启出入口通路（但不得降低系统的各项技术要求），以实现应急开启。

6. 软件和信息保存要求

（1）除网络型系统的中央管理机外，对所要求的功能而言，需要的所有软件均应保存到固态存储器中。

（2）具有文字界面的系统管理软件，其用于操作、提示、事件显示等的文字必须是简体中文。

（3）除网络型系统的中央管理机外，系统中具有编程单元的每个微处理器模块，均应设置独立于该模块的硬件监控电路，实时监测该模块的程序是否工作正常；当发现该模块的程序工作异常后，3 s 内应发出报警信号或向该模块发出复位等控制指令，使其投入正常工作。此操作不应影响系统时钟的正常运行，不应影响授权信息及事件信息的存储。

（4）当电源不正常、掉电或更换电池时，系统的密钥信息及各记录信息不得丢失。

1.3.2　出入口控制系统的管理控制方式

一个功能完善的出入口控制系统，必须对系统运行方式进行妥善的组织。例如，按什么法则，允许哪些用户出入，允许他们在什么日期和时间范围内出入，允许他们通过哪个门出入等，必须做出明确的规定。

由于保护区的保安密级不同以及出入人员身份不同，在管理上，系统对于不同受控制的门可能会有不同的控制方式。

常见的控制方式有以下几种：

（1）进出双向控制——出入者在进入保安区和退出保安区时，都需要由出入口控制系统验明身份，只有授权者才允许出入。这种控制方式使系统除了掌握何人在何时进入保安区域外，还可以了解何人在何时离开了保安区域，当前共有多少人在保安区域内，以及他们都是谁。

（2）多重控制——在一引动保安密级较高的区域，出入时可设置多重鉴别，或采用同一种鉴别方式进行多重检验，或采用两种或两种以上不同鉴别方式重叠验证；只有在各次、各种鉴别都获允许的情况下才允许通过。

（3）二人同时出入——可通过把系统设置成只有两人同时通过各自验证后才允许进入或退出保安区域的方式来实现安全级别的增强。

（4）出入次数控制——对用户限制出入次数，当出入次数达到限定值后该用户将不再允许通过。

（5）出入日期（或时间）控制——对用户的允许出入日期、时间加以限制，在规定日期和时间之外，不允许出入，超过限定期限也将被禁止通过。

第2章　出入口控制系统技术要求

熟悉和了解出入口控制系统的技术要求，对出入口控制系统设计、项目施工、验收和维护是非常重要的。本章介绍国家现行出入口控制系统的技术要求、系统防护级别、系统功能以及系统各部分的功能要求。

2.1　出入口控制系统技术要求概述

2.1.1　出入口控制系统技术要求标准

随着出入口控制系统技术的不断发展，与之相关的国家标准也更加规范、开放和标准化。国际标准化组织和国内标准化部门都在努力制定、完善标准，以满足技术的不断发展和市场的需求，而标准的完善也使市场更加规范。

国家现行的出入口控制系统技术要求主要有：

（1）中华人民共和国公安部《出入口控制系统技术要求》。

（2）中华人民共和国公安部《GB 50396—2007　出入口控制系统工程设计规范（含条文说明）》。

地方性标准有深圳市市场监督管理局发布的《SZDB-Z 87-2013　中小学校、幼儿园出入口安全防范系统要求》等。

查询现行国家标准可以到国家标准信息公共服务平台，即国家标准网，网址是：http://cx.spsp.gov.cn/。例如，查询"出入口控制系统技术要求"标准，其界面如图 2-1 所示。

图 2-1　查询"出入口控制系统技术要求"标准的界面

通过国家标准网查询标准，准确、权威，查询起来非常方便，查询关键字多样，可以只输入关键字查询，也可以依据年代、标准号、类别、标准状态查询。例如，当查询"出入口控制系统技术要求"时，查询结果将显示该标准的编号"GA/T 394-2002"，实施日期、"现行"标准等相关信息。

2.1.2 出入口控制系统常用术语

出入口控制系统的常用术语，在《出入口控制系统的技术要求》的第3条中有具体的规范和介绍。

（1）出入口（access）：控制人员或物品通过的通道口。

（2）出入口控制系统（access control system）：采用电子与信息技术，识别、处理相关信息并驱动执行机构动作或指示，从而对目标在出入口的出入行为实施放行、拒绝、记录和报警等操作的设备（装置）或网络。

（3）目标（object）：通过出入口且需要加以控制的人员和物品。

（4）目标信息（object information）：赋予目标或目标特有的、能够识别的特征信息。数字、字符、图形图像、人体生物特征、物品特征、时间等均可成为目标信息。

（5）钥匙（key）：用于操作出入口控制系统、取得出入权的信息和/或其载体，系统被设计和制造成只能由其特定的钥匙所操作。钥匙所表征的信息可以具有表示人或物的身份、通行的权限、对系统的操作权限等单项或多项功能。

（5）人员编码识别（human coding identification）：通过编码识别（输入）装置获取目标人员的个人编码信息的一种识别。

（6）物品编码识别（article coding identification）：通过编码识别（输入）装置读取目标物品附属的编码载体而对该物品信息的一种识别。

（7）人体生物特征信息（human body biologic characteristic）：目标人员个体与生俱来的、不可模仿或极难模仿的那些体态特征信息或行为，且可以被转变为目标独有特征的信息。

（8）人体生物特征信息识别（human body biologic characteristic identification）：采用生物测定（统计）学方法，获取目标人员的生物特征信息并对该信息进行的识别。

（9）物品特征信息（article characteristic）：目标物品特有的物理、化学等特性以及可被转变为目标独有特征的信息。

（10）物品特征信息识别（article characteristic identification）：通过辨识装置对预定物品特征信息进行的识别。

（11）密钥、密钥量与密钥差异（key-code, amount of key-code, difference of key-code）。可以构成单个钥匙的目标信息即为密钥。系统在理论上可具有的所有钥匙所表征的全体密钥数量即为系统密钥量；如果某系统具有不同种类的、权限并重的钥匙，则分别计算各类钥匙的密钥量，取其中密钥量最低的作为系统的密钥量。构成单个钥匙的目标信息之间的差别即为密钥差异。

（12）钥匙的授权（key authorization）：准许某系统中某种或某个、某些钥匙的操作。

（13）误识（false identification）：系统将某个钥匙识别为该系统其他钥匙。

（14）拒认（refuse identification）：系统未对某个经正常操作的本系统钥匙做出识别响应。

（15）识读现场（identification local）：对钥匙进行识读的场所或环境。

（16）识读现场设备（local identify equipment）：在识读现场的、出入目标可以接触到的、有防护面的设备（装置）。

（17）防护面（protection surface）：当设备完成安装后，在识读现场可能受到人为破坏或被实施技术开启，因而需加以防护的设备的结构面。

（18）防破坏能力（anti destroyed ability）：在系统完成安装后，具有防护面的设备(装置)抵御专业技术人员使用规定工具实施破坏性攻击（即出入口不被开启）的能力（以抵御出入口被开启所需的净工作时间表示）。

（19）防技术开启能力（anti technical opened ability）：在系统完成安装后，具有防护面的设备（装置）抵御专业技术人员使用规定工具实施技术开启（如各种试探、扫描、模仿、干扰等方法使系统误识或误动作而开启）的能力，即出入口不被开启的能力（以抵御出入口被开启所需的净工作时间表示）。

（20）复合识别（combination identification）：系统对某目标的出入行为采用两种或两种以上的信息识别方式并进行逻辑相与判断的一种识别方式。

（21）防目标重入（anti pass-back）：能够限制经正常操作已通过某出入口的目标，未经正常通行轨迹而再次操作又通过该出入口的一种控制方式。

（22）多重识别控制（multi-identification control）：系统采用某一种识别方式，必须同时或在约定时间内对两个或两个以上目标信息进行识别后才能完成对某一出入口实施控制的一种控制方式。

（23）异地核准控制（remote approve control）：系统操作人员（管理人员）在非识读现场（通常是控制中心）对能通过系统识别、允许出入的目标进行再次确认，并针对此目标遥控关闭或开启某出入口的一种控制方式。

（24）受控区、同级别受控区、高级别受控区（controlled area, the same level controlled area, high level controlled area）：如果某一区域只有一个（或同等作用的多个）出入口，则该区域被视为这个（或这些）出入口的受控区，即：某一个（或同等作用的多个）出入口所限制出入的对应区域，就是它（它们）的受控区。

2.2　系统防护级别

系统的防护级别由所用设备防护外壳的防护能力、防破坏能力、防技术开启能力以及系统的控制能力、保密性等因素决定。系统的防护级别分为 A、B、C 三个等级。

1. 系统识读部分的防护级别

出入口控制系统识读部分的防护级别如表 2-1 所示。

2. 系统管理/控制部分的防护级别

系统管理/控制部分的防护级别如表 2-2 所示。

3. 系统执行部分的防护级别

系统执行部分的防护级别如表 2-3 所示。

表 2-1　出入口控制系统识读部分的防护级别

要求 \ 级别	外壳防护能力	保密性 采用电子编码作为密钥的信息	保密性 采用图形图像、人体生物特征、物品特征、时间等作为密钥的信息	保密性 防复制和破译	防破坏	防技术开启 有防护面的设备（抵抗时间/min）
普通防护级别（A级）	外壳应符合 GB 12663 的有关要求。识读现场装置外壳应符合 GB 4208—1993 中 IP42 的要求。室外型的外壳还应符合 GB 4208—1993 中 IP53 的要求	密码量>$10^4 \times n_{max}$	密钥差异>$10 \times n_{max}$；误识率不大于 $1/n_{max}$	使用的个人信息识别载体应能防复制	防钻 10 防锯 3 防撬 10 防拉 10	防误识开启 1500 防电磁场开启 1500
中等防护级别（B级）	外壳应符合 GB 4208—1993 中 IP42 的要求。室外型的外壳还应符合 GB 4208—1993 中 IP53 的要求	密码量>$10^4 \times n_{max}$，并且至少采用以下一项：(1)连续输入错误的钥匙信息时有限制操作的措施；(2)采用自行变化的编码；(3)采用可更改的编码	密钥差异>$10^2 \times n_{max}$；误识率不大于 $1/n_{max}$	使用的个人信息识别载体应能防复制；无线电传输密钥信息的，则至少经过 14 h 扫描时间获得正确码的概率小于 4%，或每次操作钥匙后自行变化编码	防钻 20 防锯 6 防撬 20 防拉 20	防误识开启 3000 防电磁场开启 3000
高防护级别（C级）	外壳应符合 GB 4208—1993 中 IP43 的要求。但室外型的外壳还应符合 GB 4208—1993 中 IP55 的要求	密码量>$10^6 \times n_{max}$，并且至少采用以下一项：(1)连续输入错误的钥匙信息时有限制操作的措施；(2)采用自行变化的编码；(3)采用可更改的编码（限制无授权人员更改）。不能采用在空间可被截获的方式传输密码信息	密钥差异>$10^3 \times n_{max}$；误识率不大于 $0.1/n_{max}$	制造的所有钥匙应能防未授权的读取信息，防复制	防钻 30 防锯 10 防撬 30 防拉 30 防冲击 30	防误识开启 5000 防电磁场开启 5000 防执行部件开启 60

表 2-2　系统管理/控制部分的防护级别

要求 \ 级别	外壳防护能力	控制能力 防目标重入控制	控制能力 多重识别控制	控制能力 复合识别控制	控制能力 异地核准控制	保密性 防调阅管理与控制程序	防破坏 防当场复制管理/控制程序	防技术开启（抵抗时间）
普通防护级别（A级）	有防护面的管理/控制部分，其外壳应符合 GB 4208—1993 中 IP42 的要求；否则，外壳应符合 GB4208—1993 中 IP32 的要求	无	无	无	无	有	无	对于有防护面的管理/控制部分，与表 2-1 的此项要求相同；对于无防护面的管理/控制部分不做要求
中等防护级别（B级）	有防护面的管理/控制部分，其外壳应符合 GB 4280—1993 中 IP42 的要求；否则，外壳应符合 GB 4208—1993 中 IP32 的要求	有	无	无	无	有	有	
高防护级别（C级）	有防护面的管理/控制部分，其外壳应符合 GB 4280—1993 中 IP42 的要求；否则外壳应符合 GB 4208—1993 中 IP32 的要求	有	有	有	有	有	有	

表 2-3　系统执行部分的防护级别

要求级别	外壳防护能力	控制出入的能力		防破坏/防技术开启（抵抗时间）
		执行部件	强度要求	
普通级别（A级）	有防护面，外壳应符合 GB 4208—1993 中 IP42 的要求；否则外壳应符合 GB 4208—1993 中 IP32 的要求	机械锁定部件（锁舌、锁栓等）	符合 GT/T 73—1994 A 级别要求	符合 GT/T 73—1994 A 级别要求
		电磁铁作为间接闭锁部件	符合 GT/T 73—1994 A 级别要求	符合 GT/T 73—1994 A 级别要求。防电磁场开启 >1 500 min
		电磁铁作为直接闭锁部件	符合 GT/T 73—1994 A 级别要求	符合 GT/T 73—1994 A 级别要求。防电磁场开启 >1 500 min；抵抗出入目标以 3 倍正常运动速度的撞击 3 次
		阻挡指示部件（电动挡杆等）	指示部件不做要求	指示部件不做要求
中等防护级别（B级）	有防护面，外壳应符合 GB 4208—1993 中 IP42 的要求；否则，外壳应符合 GB 4208—1993 中 IP32 的要求	机械锁定部件（锁舌、锁栓等）	符合 GT/T 73—1994 B 级别要求	符合 GT/T 73—1994 B 级别要求
		电磁铁作为间接闭锁部件	符合 GT/T 73—1994 B 级别要求	符合 GT/T 73—1994 B 级别要求。防电磁场开启 3 000 min
		电磁铁作为直接闭锁部件	符合 GT/T 73—1994 B 级别要求	符合 GT/T 73—1994 B 级开要求。防电磁场开启 >3 000 min；抵抗出入目标以 5 倍正常运动速度的撞击 3 次
		阻挡指示部件（电动挡杆等）	指示部件不做要求	指示部件不做要求
高防护级别（C级）	有防护面，外壳应符合 GB 4208—1993 中 IP42 的要求；否则，外壳应符合 GB 4208—1993 中 IP32 的要求	机械锁定部件（锁舌、锁栓等）	符合 GT/T 73—1994 B 级别要求	符合 GT/T 73—1994 B 级别要求
		电磁铁作为间接闭锁部件	符合 GT/T 73—1994 B 级别要求	符合 GT/T 73—1994 B 级别要求。防电磁场开启 5 000 min
		电磁铁作为直接闭锁部件	符合 GT/T 73—1994 B 级别要求	符合 GT/T 73—1994 B 级开要求。防电磁场开启 >5 000 min；抵抗出入目标以 10 倍正常运动速度的撞击 3 次
		阻挡指示部件（电动挡杆等）	指示部件不做要求	指示部件不做要求

2.3　系统功能

1. 出入授权

系统将出入目标的识别信息及载体授权为钥匙，并记录在系统中。设定目标的出入授权，即：何时、何出入目标、可出入何出入口、可出入的次数和通行的方向等权限。

在网络型系统中，除授权、查询、集中报警、异地核准控制等管理功能外，其他所有功能都不应依赖于中央管理机是否工作。

2. 报警

系统报警功能分为现场报警、向操作（值班）员报警、异地传输报警等。报警信号的传输方式可以是有线传输或无线传输，报警信号的显示可以是可见的光显示或声音指示。

在发生以下情况时，系统应报警：

（1）当连续若干次（最多不超过 5 次）在目标信息识读设备或管理/控制部分上实施错误操作时；

（2）当未使用授权的钥匙而强行通过出入口时；

（3）当未经正常操作而使出入口开启时；

（4）当强行拆除或打开 B、C 防护级别的识读现场装置时；

（5）当 B、C 防护级别的主电源被切断或短路时；

（6）当 C 防护级别的网络型系统的网络连线发生故障时。

系统应具有应急开启功能，可采用下列方法：

（1）使用制造厂特制工具采取特别方法局部破坏系统部件后，使出入口应急开启，且可迅即修复或更换被破坏部分；

（2）采取冗余设计，增加开启出入口通路（但不得降低系统的各项技术要求），以实现应急开启。

3．指示/显示

系统及各部分应对其工作状态、操作与结果、出入准许、发生事件等给出指示。指示可采用发光指示、发声指示、物体位移指示或其组合等易于被人体感官所觉察的多种方式。

1）发光指示/显示

发光指示的信息采用下列颜色区分：

（1）绿色：用以显示"操作正确"、"有效"、"准许"、"放行"等信息，也可以显示"正常"、"安全"等信息。

（2）红色：以频率 1 Hz 以下的慢闪烁（或恒亮）显示"操作不正确"、"无效"、"不准许"、"不放行"等信息，也可以显示"不正常"等信息。以频率 1 Hz 以上的快闪烁显示"报警"、"发生故障"、"不安全"、"电源欠压"等信息。

（3）黄（橙）色：用以显示提醒、提示、预告、警告等信息。

（4）蓝色：用以显示"准备"、"已进入/已离去"、"某部分投入工作"等信息。

2）发声指示/显示

（1）报警时的发声指示明显区别于其他发声。

（2）非报警的发声指示是断续的。当采用发声与颜色、图形符号复合指示时，要同步发出和停止。

3）图形符号指示/显示

图形符号指示/显示所采用的图形符号应符合国家 GA/T 74 规范和相关标准的规定。

4．软件和信息保存要求

软件和信息保存要求参见 1.3.1 节。

系统应能独立运行，能与电子巡查、入侵报警、视频安防监控等系统联动，并应与安全防范系统的监控中心联网。

2.4 系统各部分的功能要求

2.4.1 识读、管理/控制部分

1. 识读部分功能要求

（1）识读部分应能通过识读现场装置获取操作和钥匙信息，并对目标进行识别；应能将信息传递给管理与控制部分处理，也能接收管理与控制部分的指令。

（2）"误识率"、"识读响应时间"等指标应满足管理要求。

（3）对识读装置的各种操作和接收管理/控制部分的指令等，识读装置应有相应的声或光提示。

（4）识读装置操作简便，识读信息可靠。

2. 管理/控制部分功能要求

管理/控制部分是出入口控制系统的管理/控制中心，也是出入口控制系统的人机管理界面。其功能要求如下：

（1）系统应具有对钥匙的授权功能，使不同级别的目标对各个出入口有不同的出入权限。

（2）应能对系统操作（管理）员的授权、登录、交接进行管理，并设定操作权限，使不同级别的操作（管理）员对系统有不同的操作能力。

（3）事件记录：

- 系统能将出入事件、操作事件、报警事件等记录存储于系统的相关载体中，并能形成报表以备查看。
- 事件记录应包括时间、目标、位置、行为。其中，时间信息应包含年、月、日、时、分、秒，年应采用千年记法。
- 现场控制设备中的每个出入口记录总数：A 级不小于 32 条，B、C 级不小于 1 000 条。
- 中央管理主机的事件存储载体，应至少能存储不少于 180 天的事件记录，存储的记录应保持最新的记录值。
- 经授权的操作（管理）员可对授权范围内的事件记录、存储于系统相关载体中的事件信息，进行检索、显示和打印，并可生成报表。

（4）视频安防监控系统联动的出入口控制系统，应在事件查询的同时，能回放与该出入口相关联的视频图像。

2.4.2 执行部分的功能要求和传输要求

1. 执行部分的功能要求

执行部分接收管理/控制部分发来的出入控制命令，在出入口做出相应的动作或指示，实现出入口控制系统的拒绝与放行操作或指示。执行部分由闭锁部件或阻挡部件以及出入准许指示装置组成。通常采用的闭锁部件、阻挡部件有：各种电控锁、各种电动门、电磁吸铁、电动栅栏、电动栏杆等。出入准许指示装置主要是发出声响或可见光信号的装置。出入口闭锁部件或阻挡部件在出入口关闭状态和拒绝放行时，其闭锁部件或阻挡部件的闭锁力、伸出长度或阻挡范围等，在产品标准或产品说明书中说明。执行部分的功能要求如下：

（1）闭锁部件或阻挡部件在出入口关闭状态和拒绝放行时，其闭锁力、阻挡范围等性能指标应满足使用、管理要求。

（2）出入准许指示装置可采用声、光、文字、图形、物体位移等多种指示。其准许和拒绝两种状态应易于区分。

（3）出入口开启时出入目标通过的时限应满足使用、管理要求。

2. 执行部分的传输要求

（1）联网控制型系统中编程/控制/数据采集信号的传输，采用有线或无线传输方式，且具有自检、巡检功能，应对传输路径的故障进行监控。

（2）具有 C 级防护能力的联网控制型系统，应有与远程中心进行有线通信和（或）无线通信的接口。

2.4.3　电源

出入口控制系统的主电源可以仅使用电池或交流市电供电，也可以使用交流电源转换为低电压直流供电。可以使用二次电池及充电器、UPS 电源、发电机作为备用电源；如果系统的执行部分为闭锁装置，且该装置的工作模式为加电闭锁断电开启，则 B、C 防护级别的系统必须使用备用电源。

1. 电池容量

（1）仅使用电池供电时，电池容量应保证系统正常开启 10 000 次以上。

（2）使用备用电池时，电池容量应保证系统连续工作不少于 48 h，并在此期间正常开启 50 次以上。

2. 主电源和备用电源转换

如果使用了主电源和备用电源，则它们之间应能自动转换，转入备用电源供电时应有指示。

3. 欠压工作

（1）当以交流市电转换为低电压直流供电时，直流电压降低至标称电压值的 85% 时，系统应仍正常工作并发出欠压指示。

（2）仅以交流市电供电时，当交流市电电压降低至标称电压值的 85% 时，系统应仍能正常工作并发出欠压指示。

（3）以电池供电时，当电池电压降低至仅能保证系统正常启闭不少于若干次时应给出欠压指示，该次数由制造厂标示在产品说明中。

4. 过流保护

当出入口控制设备执行启闭动作的电动或电磁等部件短路时，进行任何开启、关闭操作都不得导致电源损坏，但允许更换保险装置。

5. 电源电压范围

当以交流市电供电时，若电源电压在额定值的 85%～115% 范围内，则系统不需要做任何调整应能正常工作。

当仅以电池供电时，电源电压在电池的最高电压值和欠压值范围内，系统不需要做任何调整应能正常工作。

6. 外接电源

系统可以使用外接电源。在标示的外接电源的电压范围内，系统不需要做任何调整应能正常工作；若将外接电源输入口短路，则对系统不应有任何影响。

第3章 出入口控制系统工程设计

本章介绍如何查询出入口控制系统工程设计规范及其包含的内容，出入口控制系统工程设计的原则、要求，以及出入口控制系统设计任务书的编制方法、现场勘察、初步设计和出入口控制系统工程设计的流程。

3.1 出入口控制系统工程设计标准

1．查询出入口控制系统工程设计标准

在地址栏内输入网址"http://cx.spsp.gov.cn/"，打开国家标准网网站，在关键字文本框内输入关键字"出入口控制系统工程设计"进行查询，结果如图3-1所示。

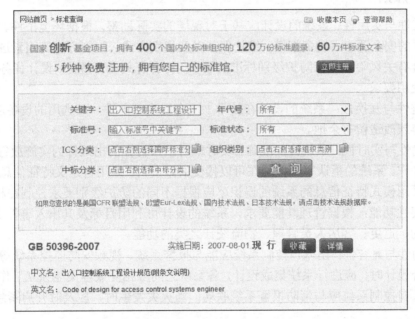

图3-1 查询出入口控制系统工程设计标准

从查询结果可知，国家现行的出入口控制系统工程设计标准是 GB 50396—2007。

2．出入口控制系统工程设计标准简介

《出入口控制系统工程设计规范》由中华人民共和国公安部主编，中华人民共和国建设部批准施行，其编号为 GB 50396—2007，自 2007 年 8 月 1 日起实施。其中，第 3.0.3、5.1.7（3）、6.0.2（2）、7.0.4、9.0.1（2）条款为强制性条文，必须严格执行。

《出入口控制系统工程设计规范》是《安全防范工程技术规范》（GB 50348）的配套标准，是安全防范系统工程建设的基础性标准之一，是保证安全防范工程建设质量、保护公民人身安全和国家、集体、个人财产安全的重要技术保障。

该规范共 10 章，主要内容包括：总则，术语，基本规定，系统构成，系统功能、性能设

计，设备选型与设置，传输方式、线缆选型与布线，供电、防雷与接地，系统安全性、可靠性、电磁兼容性、环境适应性，监控中心等。

该规范中黑体字标志的条文为强制性条文，必须严格执行。该规范由建设部负责管理和对强制性条文的解释，由公安部负责日常管理，由全国安全防范报警系统标准化技术委员会（SAC/TC100）负责具体技术内容的解释工作。

3.2 出入口控制系统工程设计概述

出入口控制系统工程的设计要遵守国家规范，即符合《出入口控制系统工程设计规范》，以提高出入口控制系统工程的质量，保护公民人身安全和国家、集体、个人财产安全。

出入口控制系统工程的建设，要与建筑及其强电、弱电系统的设计统一规划，根据实际情况，可一次建成，也可分步实施。出入口控制系统应具有安全性、可靠性、开放性、可扩充性和使用灵活性，做到技术先进，经济合理，实用可靠。

1. 设计原则

（1）规范性与实用性：系统的设计应基于对现场的实际勘察，根据环境条件、出入管理要求、各受控区的安全要求、投资规模、维护保养以及识别方式、控制方式等因素进行设计。系统设计应符合有关风险等级和防护级别标准的要求，符合有关设计规范、设计任务书以及建设方的管理和使用要求。

（2）先进性与互换性：系统的设计在技术上应有适度超前性，可选用的设备应有互换性，为系统的增容或改造留有余地。

（3）准确性与实时性：系统应能准确、实时地对出入目标的出入行为实施放行、拒绝、记录和报警等操作。系统的拒认率要控制在可以接受的限度内；采用自定义特征信息的系统不允许有误识，采用模式特征信息的系统的误识率应根据不同的防护级别要求控制在相应范围内。

（4）扩展性功能：根据管理功能要求，系统的设计可利用目标及其出入事件等数据信息，提供诸如考勤、巡更、客房人员管理、物流统计之类的功能。

（5）联动性与兼容性：出入口控制系统应能与报警系统、视频安防监控系统等联动。当与其他系统联合设计时，应进行系统集成设计，各系统之间应相互兼容又能独立工作。用于消防通道口的出入口控制系统应与消防报警系统联动；当火灾发生时，应及时开启紧急逃生通道。

2. 设计要求

出入口控制系统工程的设计应符合国家现行标准《安全防范工程技术规范》（GB 50348）和《出入口控制系统技术要求》（GA/T 384）的相关规定。

出入口控制系统的工程设计应综合应用编码与模式识别、有线/无线通信、显示记录、机电一体化、计算机网络、系统集成等技术，构成先进、可靠、经济、适用、配套的出入口控制应用系统。出入口控制系统工程的设计应符合下列要求：

（1）根据防护对象的风险等级和防护级别、管理要求、环境条件和工程投资等因素，确定系统规模和构成。根据系统功能要求、出入目标数量、出入权限、出入时间段等因素来确定系统的设备选型与配置。

（2）出入口控制系统的设置必须满足消防法规所规定的紧急逃生时人员疏散的相关要求。

（3）供电电源断电时系统闭锁装置的启闭状态应满足管理要求。

（4）执行机构的有效开启时间应满足出入口流量及人员、物品的安全要求。

（5）系统前端设备的选型与设置，应满足现场建筑环境条件和防破坏、防技术开启的要求。

（6）当系统与考勤、计费及目标引导（车库）等一卡通设备联合设置时，必须保证出入口控制系统的安全性要求。

（7）系统兼容性应满足设备互换的要求，系统可扩展性应满足简单扩容和集成的要求。

（8）出入口控制系统工程的设计文件应准确、完整、规范。

3.3 系统设计流程

由于历史原因，安防行业相对独立发展了很多年，形成了特定的术语和设计流程。一般来说，基于安全考虑，会对某些重要设计环节和资料提出保密的要求。出入口控制系统工程设计一般是按照"设计任务书的编制—现场勘察—初步设计—方案论证—施工图设计文件的编制（正式设计）"的流程进行。

（1）设计任务书。设计任务书是工程建设方依据工程项目立项的可行性研究报告而编制的、对工程建设项目提出设计要求的技术文件。设计任务书是工程招（投）标的重要文件之一，是设计方（或承建方）进行工程设计的重要依据之一。

（2）现场勘察。在进行工程设计前，设计者对被防护对象的现场进行与系统设计相关的各方面情况的了解、调查和考察。对于新建建筑的出入口控制系统工程，建设单位应向出入口控制系统设计单位提供有关建筑概况、电气和管槽路由等设计资料。

（3）初步设计。初步设计是工程设计方（或承建方）依据设计任务书（或工程合同书）、现场勘察报告和国家相关法律法规以及现行规范、标准的要求，对工程建设项目进行方案设计的活动。初步设计阶段所形成的技术文件应包括：设计说明、设计图纸、主要设备材料清单和工程概算书等。在安防系统中，初步设计阶段比建设行业所要求的设计深度会有所加深，并且由于安防产品的离散化特点，要求提供产品的供应厂家或者品牌信息，以便核定造价。初步设计阶段的许多工作为建筑设计等其他专业设计的配合设计做了一个基本的准备。

（4）方案论证。方案论证是建设方组织的对设计方（或承建方）所编制的初步设计文件进行质量评价的一种评定活动。它是保证工程设计质量的一项重要措施。方案论证的评价意见是进行工程项目正式设计的重要依据之一。

（5）正式设计。正式设计是设计方（或承建方）依据方案论证的评价结论和整改意见，对初步设计文件进行深化设计的一种设计活动。正式设计阶段所形成的技术文件应包括：设计说明（包含整改意见落实措施）、设计图纸、主要设备材料清单和工程预算书等。正式设计阶段相当于建设行业的施工图设计阶段，所以也称为施工图文件的编制阶段。

建设单位提供的有关建筑概况、电气和管槽路由等资料是出入口控制系统设计的重要依据，这为出入口控制系统对新建建筑工程做好预埋预留提供了重要保证，是交流设计信息、确保工程设计可行性的重要环节。

3.3.1 设计任务书的编制

设计任务书（design assignment）是由项目建设单位编制的、确定安全防范工程建设项目和建设方案的基本文件，是设计工作的指令性文件。

设计任务书是工程设计的依据，规范和标准是设计任务书的依据。现行的国家标准是

《GB 50396—2007 出入口控制系统工程设计规范》。在出入口控制系统工程建设之初，通常由建设单位规划工程规模、资金来源和实施计划，并编制设计任务书，也可委托具有编制能力的单位代为编制。

在进行出入口控制系统工程设计前，建设单位应根据安全防范需求，提出设计任务书。设计任务书应包括以下内容：

（1）任务来源；

（2）政府部门的有关规定和管理要求（含防护对象的风险等级和防护级别）；

（3）建设单位的安全管理现状与要求；

（4）工程项目的内容和要求，包括功能需求、性能指标、监控中心要求、培训和维修服务等；

（5）建设工期；

（6）工程投资控制数额及资金来源。

3.3.2 现场勘察

对于不同的建筑物（群），现场勘察的侧重点是有所区别的。对于已有建筑进行的出入口控制系统的建设，应按照一般原则逐一收集现场的各种相关信息，如原有管线敷设信息、建筑格局信息、安全管理的历史信息等；对于古建筑等需要保护的设施，还需要特别了解安装的可行性问题。

对于新建建筑，强调对建筑设计资料的获取。应与建设单位充分沟通，了解未来使用的需求、周围的社情民意和自然环境，与建筑设计单位充分配合，确定好建筑格局和用途，做好管线综合和专业配合(如现场的照明设计信息、供电信息、装饰效果信息和其他安防系统信息等)，做好预埋预留的设计工作，减少施工过程中的不必要拆改。

还应仔细了解各受控区的位置和出入限制级别，了解每个受控区各出入口的现场情况。执行部分需采用闭锁部件的还应了解其被控对象（如通道门体）的结构情况。

现场勘察报告应由建设单位和设计单位共同签署。

3.3.3 初步设计

根据现场勘察结果,按照不同受控区的不同安全与管理要求,选择设备及出入口管理模式。需要特别指出的是,随着新建建筑工程的大规模建设,安全技术防范系统工程设计需要直接对建筑设计（物防）和其后的保卫管理措施提出要求和建议,并尽可能满足安全保卫部门在设计前提出的管理要求,这也充分体现了人防、物防和技防相结合的原则。还应指出,出入口控制系统的设计应不违背消防管理要求,确保在火灾等紧急情况发生时人员能顺利疏散。

1. 初步设计要求

初步设计就是在批准的可行性研究报告的基础上,通过对安全防范工程建设项目设计方案或重大技术问题的解决方案进行综合技术分析,论证技术上的适用性、可实施性、可靠性和经济上的合理性。建设项目初步设计的输出为初步设计文件。

（1）初步设计的图纸应能对系统进行有效、准确的描述,并做到与文字说明相互印证和相互呼应,图、文、表的数据应一致,格式符合规范要求。图纸设计要能够向审核者和施工者提供完整、明晰、准确的设计信息，不强调几类几张图。

（2）平面图通常包括前端设备布防图和管线走向图。管线走向设计应对主干管路的路由等进行设计标注，特别是安防管线通道的确定。

（3）对于某些关键或者特异的安装场所，需特别指明安装方法，并提供相应的安装工艺示意图，以保证设计方案的可实施性。

（4）监控中心的设计需在前期就提出与装修、暖通、强电和其他弱电专业的配合要求，以保证值机人员的工作环境。

（5）主要设备材料清单的编制。从经济上对初步设计进行评估，以达到系统的最佳性价比。

2. 初步设计的依据

（1）相关法律法规和国家现行标准；
（2）工程建设单位或其主管部门的有关管理规定；
（3）设计任务书；
（4）现场勘察报告、相关建筑图纸及资料。

3. 初步设计内容

（1）建设单位的需求分析与工程设计的总体构思（含防护体系的构架和系统配置）；
（2）受控区域的划分，现场设备的布设与选型；
（3）根据安全管理要求及现场勘察记录，制订每个出入口的识读模式、控制方案，选定执行部件，明确控制管理模式（单/双向控制、目标防重入、复合识别、多重识别、防胁迫、异地核准等）；
（4）防护对象现场情况的分析与传输方式、路由、管线敷设方案；
（5）监控中心的选址与设计方案；
（6）系统安全性、可靠性、电磁兼容性、环境适应性、供电、防雷与接地等的说明；
（7）火灾等紧急情况发生时人员疏散通道的控制方案；
（8）与其他系统的接口关系（如联动、集成方式等）；
（9）系统建成后的预期效果说明和对系统扩展性的考虑；
（10）对人防、物防的要求；
（11）设计施工一体化企业要提供售后服务与技术培训承诺。

4. 初步设计文件内容

初步设计文件的编制包括以下内容：设计说明、设计图纸、主要设备器材清单和工程概算书。

（1）设计说明。设计说明包括工程项目概述、系统配置、受控区分布及其他必要的说明。
（2）设计图纸。设计图纸包括系统图、平面图、监控中心布局示意图及必要说明。
设计图纸应符合以下规定：
➤ 图纸应符合国家制图相关标准的规定，标题栏应完整，文字应准确、规范，应有相关人员签字，设计单位盖章。
➤ 图例应符合《安全防范系统通用图形符号》（GA/T 74）等国家现行相关标准的规定。
➤ 在平面图中应标明尺寸、比例和指北针。

> 平面图中应包括设备名称、规格、数量和其他必要的说明。

系统图应包括以下内容：

> 设备类型及配置数量；
> 信号传输方式、系统主干的管槽线缆走向和设备连接关系；
> 供电方式；
> 接口方式（含与其他系统的接口关系）；
> 其他必要的说明。

平面图应包括以下内容：

> 应标明监控中心的位置和面积；
> 应标明前端设备的布设位置、设备类型和数量等；
> 管线走向设计应对主干管路的路由等进行标注；
> 其他必要的说明。

对安装部位有特殊要求的，应提供安装示意图等工艺性图纸。

监控中心布局示意图包括以下内容：

> 平面布局和设备布置；
> 线缆敷设方式；
> 供电要求；
> 其他必要的说明。

（3）主要设备材料清单。主要设备材料清单包括设备材料名称、规格、数量等。

（4）工程概算书。工程概算书应按照工程内容，根据《安全防范工程费用预算编制办法》等国家现行相关标准的规定进行编制。

3.3.4 方案论证

在工程项目签订合同、完成初步设计后，由建设单位组织相关人员对包括出入口控制系统在内的安防工程初步设计进行方案论证。风险等级较高或建设规模较大的安防工程项目应进行方案论证。强调方案的论证、审核和批准，是为了保证设计方案的科学性和合理性。

1. 落实后续的工作内容

主要设备材料需要在初步设计的基础上，补充设备材料相应的生产厂家、检验报告或认证证书等资料，以便于评审者确定系统设计的可实施性。

在方案论证内容中，应充分考虑到一些高风险等级的单位（如文博系统）的要求，对设备材料安装工艺、对实施的可行性、工程造价等给出较为详细的论证。

方案论证的结论可分为通过、基本通过、不通过，对初步设计的整改措施必须由建设单位和设计单位确认。

2. 方案论证提交的资料

（1）设计任务书；
（2）现场勘察报告；
（3）初步设计文件；
（4）主要设备材料的型号、生产厂家、检验报告或认证证书。

3. 方案论证所包含的内容

（1）系统设计是否符合设计任务书的要求；

（2）系统设计的总体构思是否合理；

（3）设备选型是否满足现场适应性、可靠性的要求；

（4）系统设备配置和监控中心的设置是否符合防护级别的要求；

（5）信号的传输方式、路由和线缆敷设是否合理；

（6）系统安全性、可靠性、电磁兼容性、环境适应性、供电、防雷与接地是否符合相关标准的规定；

（7）系统的可扩展性、接口方式是否满足使用要求；

（8）初步设计文件是否符合规定要求，文件内容是否完整；

（9）建设工期是否符合工程现场的实际情况和满足建设单位的要求；

（10）工程概算是否合理；

（11）对于设计施工一体化企业，其售后服务承诺和培训内容是否可行。

4. 方案论证结论

方案论证结论是对方案论证的内容做出评价，形成结论（通过、基本通过、不通过），提出整改意见，并由建设单位确认。

3.3.5 施工图设计文件的编制

施工图设计文件的编制是工程的正式设计，其主要内容体现了两个目的：

（1）针对整改要求和更详细、准确的现场条件，修改、补充、细化初步设计文件的相关内容，确保设备安装的可行性和良好的使用效果，着重体现现场安装的可实施性。

（2）结合系统构成和选用设备的特点，进行全面的图纸修改、补充、细化设计，确保系统的互联互通，着重体现系统配置的可实现性。

1. 施工图设计文件编制的依据

（1）初步设计文件；

（2）方案论证中提出的整改意见和由设计单位做出并经建设单位确认的整改措施。

2. 施工图设计文件

施工图设计文件包括设计说明、设计图纸、主要设备材料清单和工程预算书。

3. 编制施工图设计文件规定

（1）施工图设计说明要对初步设计说明进行修改、补充、完善，包括设备材料的施工工艺说明、管线敷设说明等，并落实整改措施；

（2）施工图纸包括系统图、平面图、监控中心布局图及其必要说明，并应符合相关标准的规定；

（3）系统图要在设计图纸符合规定的基础上，充实系统配置的详细内容（如立管图等），标注设备数量，补充设备接线图，完善系统内的供电设计等。

4. 平面图应包括的内容

（1）前端设备布防图应正确标明设备安装位置、安装方式和设备编号等，并列出设备统计表。

（2）前端设备布防图可根据需要提供安装说明和安装大样图。

（3）管线敷设图要标明管线的敷设安装方式、型号、路由、数量，以及末端出线盒的位置高度等。分线箱应根据需要标明线缆的走向、端子号，并根据要求在主干线路上预留适当数量的备用线缆，并列出材料统计表。

（4）管线敷设图可根据需要提供管路敷设的局部大样图。

（5）说明每个受控区域的位置、尺寸，对同级别受控区和高级别受控区进行标注。

（6）其他必要的说明。

5. 监控中心布局图内容

（1）监控中心的平面图应标明控制台和显示设备的位置、外形尺寸、边界距离等。

（2）根据人机工程学原理，确定控制台、显示设备、机柜以及相应控制设备的位置和尺寸。

（3）根据控制台、显示设备、设备机柜及操作位置的布置，标明监控中心内管线走向、开孔位置。

（4）标明设备连线和线缆的编号。

（5）说明对地板敷设、温湿度、风日、灯光等的装修要求。

（6）监控中心宜与视频安防监控中心联合设置。

（7）其他必要的说明。根据系统构成列出设备材料清单，并标明型号规格、产地和生产厂家等。

6. 编制预算书

按照施工内容，根据《安全防范工程费用预算编制办法》（GA/T 70）等国家现行相关标准的规定，编制工程预算书。

3.4 设备要求

3.4.1 设备结构、强度及安装要求

1. 门设备结构

（1）依据说明书内容，门的各活动部件要活动自如，配合到位，手动部件（如键盘、按钮、执手、手柄、转盘等）手感良好；控制机构动作灵活、无卡滞现象；其余应符合 GB 12663 的要求。

（2）有防护面的设备（装置），其结构要能使该设备（装置）在安装后从防护面不易被拆卸。

2. 操作部件机械强度

（1）处于防护面的操作键或按钮应能够承受 60 N 按压力、连续 100 次的按动，该键或钮不应产生故障和输入失效现象。

（2）处于防护面的接触式编码载体识读装置，能够承受利用编码载体的故意恶意操作而不产生故障和损坏。

（3）处于防护面的接触式模式特征信息识别装置，能够承受最不利的接触操作而不产生故障和损坏。

（4）对闭锁后位于防护面的手动开启相关部件施加 980 N 的静压力和 11.8 N·m 的扭矩时，该部件不应产生变形、损坏、离位现象，闭锁部件也不得被开启。

3. 设备连接

（1）接线柱和引出线的牢固性符合 GB 12663 的要求。

（2）系统各设备（装置）之间的连接应有明晰的标示。接线柱/座有位置、规格、定向等特征，引出线有颜色区分或以数字、字符标示。

（3）执行部分的输入电缆在该出入口的对应受控区、同级别受控区或高级别受控区外的部分，要具有相应的抗拉伸、抗弯折性能，用强度不低于镀锌钢管的保护材料加以保护。

（4）系统各设备（装置）外壳之间的连线应能以隐蔽工程连接。

4. 安装位置

（1）识读现场装置的安装位置要便于目标的识读操作。

（2）如果管理/控制设备是采用电位或电脉冲信号控制或驱动执行部分的，则某出入口的与信号相关的接线与连接装置必须置于该出入口的对应受控区、同级别受控区或高级别受控区内。

（3）用于完成编程与实时监控任务的出入口管理控制中心，应位于最高级别防区内。

3.4.2　安全性要求

（1）设备机械、电气安全性：系统所使用的设备均应符合 GB 16796—1997 和相关产品标准的安全性要求。

（2）通过目标的安全性：系统的任何部分、任何动作以及对系统的任何操作都不应对出入目标及现场管理、操作人员的安全造成危害。

（3）紧急险情下的安全性：如果系统应用于人员出入控制，且通向出口或安全通道方向为防护面，则系统必须与消防监控系统及其他紧急疏散系统联动；当发出火警或需要紧急疏散时，不使用钥匙人员应能迅速、安全地通过。

3.4.3　电磁辐射和防雷接地要求

系统中若使用无线发射设备，其电磁辐射功率应符合国家和行业有关法规和标准的要求。系统中人员操作设备（含视读装置）的电磁辐射应符合 GB 8702 的要求。

防雷接地要求如下：

（1）设计出入口控制系统时，选用的设备应符合电子设备的雷电防护要求。

（2）系统要有防雷击措施。应设置电源避雷装置和信号避雷装置。

（3）系统应等电位接地。系统单独接地时，接地电阻应不大于 4 Ω，接地导线截面积应大于 25 mm^2。

（4）室外装置和线路的防雷与接地设计应符合有关国家标准和行业标准的要求。

3.4.4 环境适应性要求

1. 系统的严酷等级

除网络型出入口控制系统的中央管理机外，系统所用设备的环境适应性，应满足 GB/T 15211 的要求。不同防护级别的系统设备，按表 3-1 规定的试验项目和严酷等级进行试验，设备应能工作正常。

表 3-1　系统的环境试验项目

项　　目	试验严酷等级					
	A 防护级别系统设备		B 防护级别系统设备		C 防护级别系统设备	
	室内型	室外型	室内型	室外型	室内型	室外型
高温，A-1	2.3	5	2.3	5	2.3	5
低温，A-2	3.5	7.9	3.5	7.9	3.5	7.9
恒定湿热，A-6	3.4					
冲击，A-3	1.3		3.4		3.4	
正弦振动，A-1	1		1.2		1.2	2.3

2. 特殊环境要求

在有腐蚀性气体或易燃易爆环境中工作的系统设备，应有相应的保护措施。

3. 可靠性要求

（1）出入口控制系统所使用的设备，其平均无故障工作时间（MTBF）不应小于 10 000 h。
（2）系统验收后的首次故障时间应大于 3 个月。

4. 标志

出入口控制系统的设备标志应清晰而不致误解，不易被擦除。标志内容至少包括：
（1）产品代号标记；
（2）制造厂名或注册商标、厂址、售后服务联系方式与电话号码；
（3）电源性质（交流、直流）、标称电压值或电压范围、标称功率值；
（4）安全符号。
系统各设备（装置）之间的连接应有明晰的标示。例如，接线柱/座有位置、规格、定向等特征，引出线有颜色区分或以数字、字符标示。

3.4.5 产品说明书

出入口控制系统设备的制造厂或经销商应为其每套系统提供产品说明书，包括：
（1）使用说明；
（2）安装说明；
（3）维护说明。
产品说明书的主要内容如下：

（1）外观图、结构图；

（2）各部位名称、功能、工作说明和设备连接说明；

（3）出入口开启、闭锁状态的明确说明；

（4）钥匙和密钥量；

（5）操作方法；

（6）出入口完成一次启/闭的时间指标；

（7）系统设计预定的最大目标数目 n_{max}；

（8）安装、布线方法与程序；

（9）供电电压（标称电压、欠压值等）、功耗；

（10）输出与接口规格、型号；

（11）安装注意事项；

（12）检验方法；

（13）维护和保养方法。

设有出入口控制管理中心的网络型出入口控制系统，要有网络与接口类型、线缆规格、传输方式、最大传输距离、数据传输的波特率等要求，并在其产品说明书中标明性能参数。

注意：在提供的说明中，不能泄露任何与防破坏和防技术开启能力相关的技术细节，不能暴露系统的薄弱环节或薄弱点。

警告：在提供的说明中，安装方法和要求应保证系统的防护能力不降低，特别是防破坏和防技术开启能力不能降低。对安装中可能出现的影响系统防护能力的情况，要提出警告，对不适宜与系统连接的其他装置或方法也应提出警告，对系统及其部件的安装、改动、替换或增加另外部分可能造成的危害应予以指出。

3.5 布线、供电、防雷与接地

1. 布线

出入口控制系统的布线应符合现行国家标准《安全防范工程技术规范》（GB 50348）的有关规定。此外，还要考虑出入口控制点位分布、传输距离、环境条件、系统性能要求及信息容量等因素。线缆的选型除了要符合现行国家标准《安全防范工程技术规范》（GB 50348）的有关规定外，还应符合下列规定：

（1）识读设备与控制器之间的通信用信号线宜采用多芯屏蔽双绞线。

（2）门磁开关及出门按钮与控制器之间的通信用信号线，线芯最小截面积不应小于 $0.50\ \mathrm{mm}^2$。

（3）控制器与执行设备之间的绝缘导线，线芯最小截面积不应小于 $0.75\ \mathrm{mm}^2$。

（4）控制器与管理主机之间的通信用信号线宜采用双绞铜芯绝缘导线，其线径根据传输距离而定，线芯最小截面积不应小于 $0.50\ \mathrm{mm}^2$。

布线设计应符合现行国家标准《安全防范工程技术规范》（GB 50348）的有关规定。

执行部分的输入电缆在该出入口的对应受控区、同级别受控区或高级别受控区外的部分，应封闭保护，其保护结构的抗拉伸、抗弯折强度应不低于镀锌钢管。

2. 供电

出入口控制系统的供电设计，除应符合现行国家标准《安全防范工程技术规范》（GB 50348）的有关规定外，还应符合下列规定：

（1）主电源可使用市电或电池。备用电源可使用二次电池和充电器、UPS电源、发电机。如果系统的执行部分为闭锁装置，且该装置的工作模式为断电开启，B、C级的控制设备必须配置备用电源。

（2）当采用电池作为主电源时，其容量应保证系统正常开启10 000次以上。

（3）备用电源应保证系统连续工作不少于48 h，且执行设备能正常开启50次以上。

3. 防雷与接地

出入口控制系统的防雷与接地，除了符合现行国家标准《安全防范工程技术规范》（GB 50348）的相关规定外，还要符合下列规定：

（1）置于室外的设备要具有防雷保护措施；

（2）置于室外的设备输入、输出端口要设置信号线路浪涌保护器；

（3）室外的交流供电线路、控制信号线路要有金属屏蔽层并穿钢管埋地敷设，钢管两端应接地。

第4章 设备选型

4.1 设备选型概述

出入口控制系统的设备选型，主要有以下几方面要求：

（1）防护对象的风险等级、防护级别，现场的实际情况、通信流量等要求；

（2）安全管理要求和设备的防护能力要求；

（3）对管理/控制部分的控制能力、保密性的要求；

（4）信号传输条件的限制对传输方式的要求；

（5）出入目标的数量及出入口数量对系统容量的要求；

（6）与其他子系统集成的要求。

设备的设置应符合下列规定：

（1）识读装置的设置应便于目标的识读操作；

（2）采用非编码信号控制或驱动执行部分的管理与控制设备，必须设置于该出入口的对应受控区、同级别受控区或高级别受控区内。

4.2 常用设备选型要求

1. 常用识读设备选型要求

常用编码识读设备的选型要求如表 4-1 所示。

表 4-1　常用编码识读设备的选型要求

序号	名称	应用场所	主要特点	安装设计要点	适宜的工作环境和条件	不适宜的工作环境和条件
1	普通密码键盘	人员出入口，授权目标较少的场所	密码易泄露、易被窥视，保密性差，密码需要经常更换	用于人员通道门，宜安装于距门开启边 200～300 mm，距地面 1.2～1.4 m 处；用于车辆出入口，宜安装于车道左侧距地面高 1.2 m，距挡车器 3.5 m 处	室内安装；如果需要室外安装，需要选用密封性良好的产品	不易经常更换密码且授权目标较多的场所
2	乱序-密码键盘	人员出入口，授权目标较少的场所	密码易泄露，但不易被窥视。保密性较普通密码键盘高，需要经常更换			
3	磁卡识读设备	人员出入口，较少用于车辆出入口	磁卡携带方便，便宜，易被复制、磁化，卡片及读卡设备易被磨损，需要经常维护			室外可被雨淋处；尘埃较多的地方；环境磁场较强的场所
4	接触式 IC 卡读卡器	人员出入口	安全性高，卡片携带方便，卡片及读卡设备易磨损，需要经常维护		室内安装；适合人员通道	室外可被雨淋处；静电较多的场所；尘埃较多的地方
5	接触式 TM 卡读卡器	人员出入口	安全性高，卡片携带方便，不易磨损		可安装在室内、室外；适合人员通道	

2. 常用人体生物特征识读设备的选型要求

常用人体生物特征识读设备的选型要求如表4-2所示。

表4-2　常用人体生物特征识读设备的选型要求

序号	名　称	主　要　特　点		安装设计要点	适宜的工作环境和条件	不适宜的工作环境和条件
1	指纹识读设备	指纹头设备易于小型化；识别速度很快，使用方便；需要人体配合程度较高	操作时需要人体接触识读设备	用于人员通道门。宜安装于适合人手配合操作，距地面1.2~1.4m处。当采用的识读设备，其人体生物特征信息存储在目标携带的介质内时，应考虑该介质被伪造而带来的安全性影响	室内安装；使用环境应满足产品选用的不同传感器所要求的使用环境要求	操作时需要人体接触识读设备，不适宜安装在医院等容易引起交叉感染的场所
2	掌形识读设备	识别速度较快；需要人体配合程度高				
3	虹膜识读设备	虹膜被损伤，修饰的可通用性小，也不易留下被可能复制的痕迹；需要人体配合程度低	操作时不需要人体接触识读设备	用于人员通道门；宜安装于适合人眼部配合操作，距地面1.5~1.7 m处	环境亮度适宜、变化不大的场所	环境亮度变化大的场所，背光较强的地方
4	面部识读设备	需要人体配合的程度较低，易用性好，适于隐蔽地进行面像采集、对比		安装位置应该便于摄取面部图像的设备能最大面积、最小失真地获人脸正面图像		

注：（1）当识读设备采用1∶N对比模式时，不需要由编码识读方式辅助操作，当目标数多时识别速度及误识率的综合指标下降；
　　（2）当识读设备采用1∶1对比模式时，需要编码识读方式辅助操作，识别速度及误识率的综合指标不随目标数多少变化；
　　（3）当采用的识读设备，其人体生物特征信息的存储单元位于防护面时，应考虑该设备被非法拆除时数据的安全性；
　　（4）当采用的识读设备，其人体生物特征信息存储在其携带的介质内时，应考虑该介质被伪造等而带来的安全性影响；
　　（5）所选用的识读设备，其误识率、拒认率、识别速度等指标应满足实际应用的安全与管理要求。

3. 常用执行设备的选型要求

常用执行设备的选型要求如表4-3所示。

表4-3　常用执行设备的选型要求

序号	应用场所	常采用的执行设备	安装设计要点
1	单向开启、平开木门（含带木框的复合材料门）	阴极电控锁	适用于单扇门；安装位置距地面0.9~1.1 m边门框处；可与普通单位舌机械锁配合使用
		电控锁	适用于单扇门；安装于门体靠近开启边，距地面0.9~1.1 m处；配合件安装在边门框上
		一体化电子锁	
		磁力锁	安装于上门框，靠近开启边；配合件安装于门体上；磁力锁的锁体不应暴露在防护面（门外）
		阳极电控锁	
		自动平开门机	
2	单向开启、平开镶玻璃门（不含带木框门）	阳极电控锁	安装于上门框，靠近开启边；配合件安装于门体上；磁力锁的锁体不应暴露在防护面（门外）
		磁力锁	
		自动平开门机	
3	单向开启、平开玻璃门	带专用玻璃门夹的阳极电控锁；带专用玻璃门夹的磁力锁；玻璃门夹电控锁。	安装于上门框，靠近开启边；配合件安装于门体上；磁力锁的锁体不应暴露在防护面（门外）。玻璃门夹的作用面不应安装在防护面（门外），无框（单玻璃框）门的锁引线应有防护措施

序号	应用场所	常采用的执行设备	安装设计要点
4	双向开启、平开玻璃门	带专用玻璃门的阳极电控锁；玻璃门夹电控锁	安装于上门框，靠近门开启边；配合件安装于门体上；磁力锁的锁体不应暴露在防护面（门外）。玻璃门夹的作用面不应安装在防护面（门外），无框（单玻璃框）门的锁引线应有防护措施
5	单扇推拉门	阳极电控锁	安装于上门框，靠近门开启边；配合件安装于门体上
		磁力锁	安装于边门框；配合件安装于门体上；不应暴露在防护面（门外）
		推拉门专用电控挂钩锁	根据锁体结构不同，可安装于上门框或边门框；配合件安装于门体上；不应暴露在防护面（门外）
		自动推拉门机	安装于上门框；应选用带闭锁装置的设备或另加电控锁；外挂式门机不应暴露在防护面（门外）；应有防夹措施
6	双扇推拉门	阳极电控锁	安装于上门框，靠近门开启边；配合件安装于门体上；磁力锁的锁体不应暴露在防护面（门外）
		推拉门专用电控挂钩锁	应选用安装于门框的设备；配合件安装于门体上；不应暴露在防护面（门外）
		自动推拉门机	安装于上门框；应选用带闭锁装置的设备或另加电控锁；外挂式门机不应暴露在防护面（门外）；应有防夹措施
7	金属防盗门	电控撞锁	安装于上门框，靠近门开启边；配合件安装于门体上；磁力锁的锁体不应暴露在防护面（门外）；自动门机应有防夹措施
		磁力锁	
		自动门机	
		电机驱动锁舌电控锁	根据锁体结构不同，可安装于门框或门体上
8	防尾随人员快速通道	电控三棍闸	应与地面有牢固的连接；常与非接触式读卡器配合使用；自动启闭速通门应有防夹措施
		自动启闭速通门	
9	小区大门、院门等人员、车辆混行通道	电动伸缩栅栏门	固定端应与地面有牢固的连接；滑轨应水平铺设；门开口方向应在值班室（岗亭）一侧；启闭时应有声、光指示，应有防夹措施
		电动栅栏式栏杆机	应与地面有牢固的连接，适用于不限高的场所，不宜选用闭合时间小于3 s的产品，应有防砸措施
10	一般车辆出入口	电动栏杆机	应与地面有牢固的连接；用于有限高场所时，栏杆应有曲臂装置；应有防砸措施
11	防闯车辆出入门	电动升降式地挡	应与地面有牢固的连接；地挡落下后，应与地面在同一水平面上；应有防止车辆通过时地挡顶车的措施

第5章 电子门禁系统

本章介绍电子门禁系统的组成、功能和特性，门禁系统的布线和连接，门禁系统的硬件安装、调试，以及门禁系统常见故障的检测和维修方法，并提供4个实训。

5.1 门禁系统概述

电子门禁系统是现代化安全管理系统，它集微机自动识别技术和安全管理措施为一体，涉及电子、机械、光学、计算机技术、通信技术、生物技术等诸多新技术。它是解决重要部门出入口实现安全防范管理的有效措施，适用于各种机要部门，如银行、宾馆、机房、军械库、机要室、办公间、智能化小区、工厂等。

在数字技术、网络技术飞速发展的今天，门禁技术得到了迅猛的发展。门禁系统早已超越了单纯的门道及钥匙管理，它已经逐渐发展成为一套完整的出入管理系统。它在工作环境安全、人事考勤管理等行政管理工作中发挥着巨大的作用。

在门禁系统的基础上增加相应的辅助设备，可以进行电梯控制、车辆进出控制、物业消防监控、保安巡检管理、餐饮收费管理等，真正实现区域内一卡式智能管理。

最近几年，随着感应卡技术、生物识别技术的发展，门禁系统进入了成熟期，出现了感应卡式门禁系统、指纹门禁系统、虹膜门禁系统、面部识别门禁系统、乱序键盘门禁系统等。这些系统在安全性、方便性、易管理性等方面都各有特长，使门禁系统的应用领域越来越广泛。

5.1.1 门禁系统的组成

门禁系统由门禁控制器（或一体门禁机）、读卡器、出门按钮、锁具、电源、通信转换器、智能卡和管理软件组成。

（1）智能卡：在智能门禁系统中，智能卡的作用是充当写入、读取资料的介质，目前其主流技术有Mifare、EM等。智能卡在读写上可分为只读卡和读写卡，在材质和外形上，可分为薄卡、厚卡和异形卡。

（2）读卡器：负责读取智能卡的数据信息，并将数据传递到控制器。

（3）控制器：负责整个系统信息数据的输入、处理、存储、输出，是整个系统的核心。控制器与读卡器之间的通信方式一般采用R485、R232和韦根格式。

（4）锁具：是整个系统的执行部件。目前有四大类锁具：电控锁、磁力锁、电插锁和电锁扣。电锁扣一般用于木门、消防门，磁力锁用于金属门、木门，电插锁则对各种材质门均可使用。

（5）电源：电源设备是整个系统中最重要的部分，如果电源选配不当，整个系统就会瘫痪或出现各种各样的故障。门禁系统一般都选用稳定的电源。

（6）管理软件：负责整个系统监控、管理和查询等工作。管理人员可通过管理软件对整个系统的状态、控制器的工作情况进行监控和管理，并可扩展完成巡更、考勤、停车场管理等功能。

5.1.2　门禁系统的功能

门禁系统的基本功能主要包括管理权限、存储、集中管理和报警。

（1）管理权限：是对人员出入权限的设置、更改、取消和恢复。

（2）存储：存储出入人员的日期、时间、卡号、是否非法等相关信息。

（3）集中管理：后台管理工作站可以建立用户资料数据库，定期或实时地采集每个出入口人员的资料信息，并能进行汇总、查询、分类、打印等。

（4）报警：当非法闯入、门锁被破坏等情况出现时，系统会发出实时报警信息，并传输到管理中心。

5.1.3　电锁的种类及其特性

电锁是门禁系统中的执行部件，它利用电气特性控制锁的开或关，以替代常规的手动锁具。门禁中常用的电锁有：电插锁、磁力锁、电锁扣和电控锁等。

1. 电插锁

电插锁也称为"阳极锁"，是"阳级锁"的一种。所谓的"阳极锁"，就是停电开门的电锁。因为按照消防要求，遇火灾时，大楼会自动切断电源，这时电锁应该打开，以方便人员逃生，所以大部分电锁是断电开门的。

电插锁按电源线的条数，可以分为两线电插锁、四线电插锁、五线电插锁和八线电插锁。

1）两线电插锁

两线电插锁如图 5-1 所示。

两线电插锁有两条导线，即红色和黑色，其中红色接电源+12 V（DC），黑色接地（GND）。断开任何一条线，锁扣缩回，门打开。两线电锁的设计比较简单，没有单片机控制电路，锁体容易发热烫手，冲击电流比较大，属于价格比较低的低档电插锁。

2）四线电插锁

四线电插锁有四条电源线，如图 5-2 所示。

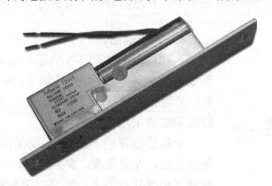

图 5-1　两线电插锁

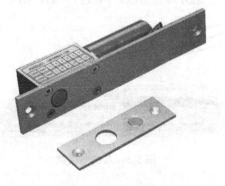

图 5-2　四线电插锁

四线电插锁有两条电源线，即红色和黑色，红色线端接电源+12 V（DC），黑色端接 GND；还有两条白色的门磁信号线，反映门的开和关状态。它通过门磁，根据当前门的开关状态，输出不同的开关信息给门禁控制器做出判断。例如，门禁的非法闯入报警门长时间未关闭等功能都依赖这些信号做出判断。如果不需要这些功能，门磁信号线可以不接。四线电插锁采用单片机控制器，发热量小，有延时控制和门磁信号输出，属于性价比比较高的常用型电锁。

延时控制是通过锁体上的拨码开关设置开门的延时时间。通常可以设置为 0 秒、2.5 秒、5 秒和 9 秒，如图 5-3 所示。

各个厂家的电锁分为几个延时挡略有不同，但设置方法基本相同。

注意：电锁延时和门禁控制器的门禁软件设置的开门延时是两个不同的概念。门禁控制和门禁软件设置的是"开门延时"，或者叫"门延时"，是指电锁开门多少秒后自动合上。电锁自带的延时，是关门延时，指门到位多久后，锁头落下来，锁住门。一般门禁系统要求门平到位，锁头就落下来，把门关好；所以，电锁延时默认设置为 0 秒。而有些门的弹簧质量不好，门在关门位置前后摆动几下，门才稳定下来，这时如果设置成 0 秒，锁头还没有来得及打中锁孔，门就摆动过去了，门再摆动回来就会把已经伸出来的锁头撞歪。在这种情况下，就可以设置一个关门延时，使门摆动几下后，稳定下来，锁头再下来关闭门。

3）五线电插锁

五线电插锁如图 5-4 所示。

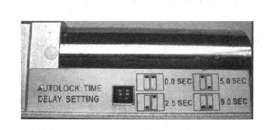

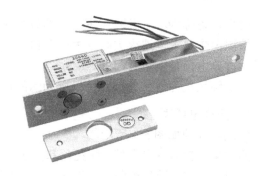

图 5-3　电插锁上的关门延时设置　　　　　图 5-4　五线电插锁

五线电插锁与四线电插锁的原理相同，只是增加了门磁的相反信号线。红、黑两线是电源线。另有 COM、NO、NC 三根线，NO 和 NC 分别和 COM 组成两组相反的信号线，一组闭合信号线，一组开路信号线。门被打开后，闭合信号变为开路信号，开路信号的一组变为闭合信号。

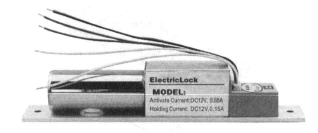

图 5-5　八线电插锁

4）八线电插锁

八线电插锁如图 5-5 所示，其原理与五线电插锁基本相同，只是除了门磁状态外，又增加了锁头状态输出，即：锁头的伸出和缩进采用不同的信号。

电插锁通常用于玻璃门、木门等，隐藏式安装，外观美观，安全性好，不容易被撬开和拉开；但木门安装时要挖锁孔，

玻璃门安装需要购买无框玻璃门附件来辅助安装。

2. 磁力锁

磁力锁又称为电磁锁，如图 5-6 所示。

磁力锁是一种依靠电磁铁和铁块之间产生的磁力来闭合门的电锁,它也是一种断电开门的电锁。磁力锁的接线端子如图 5-7 所示。

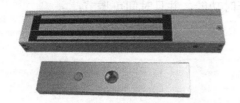 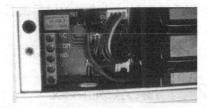

图 5-6　磁力锁　　　　　　　　　　　　图 5-7　磁力锁的接线端子

磁力锁通常用于木门、防火门。其价格和电插锁基本相同,有的会略高一些。

磁力锁的优点:性能比较稳定,返修率会低于其他电锁;安装方便,不用挖锁孔,只用走线槽,用螺钉固定锁体。

磁力锁的缺点:一般安装在门外的门槛顶部,而且由于外露,美观性和安全性不如隐藏式安装的电插锁。

3. 电锁扣

电锁扣如图 5-8 所示。电锁扣也称为阴极锁,它与机械锁(如球形锁头)搭配使用,电控与手动双用。机械锁附有一个连动三角形插销,当门锁关上(插梢压下)时,锁舌就卡住无法缩回,这是预防锁匣被外力恶意撬开的一种安全设计。

电锁扣一般安装在门的侧面,必须配合机械锁使用。

优点:价格便宜,有停电开和停电关两种。

缺点:冲击电流比较大,安装性较差。

4. 电控锁

电控锁采用内外开启的双锁头,如图 5-9 所示。

 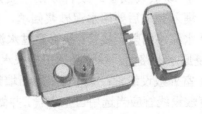

图 5-8　电锁扣　　　　　　　　　　　　图 5-9　电控锁

电控锁锁体内配有电控开锁装置和负载弹簧调节平衡装置及自动复位按钮。它具有高防盗、高保险、电控、匙旋、手动开锁和反锁后防止无钥匙开锁、关门上锁后防止在室内卸锁等特点;适用于居民住宅,特别是高层住宅的分用大门以及机关、学校、旅社、宾馆大厦、工厂仓库等部门,并能与电控防盗安全门配套使用。

电控锁具有以下特点:

(1)具有电控开锁、手动开锁、关门自动上锁功能;

(2)适用于左门、右门、内开门、外开门等各种门;

(3)可以与楼寓对讲主机、门禁系统配套使用,也可以独立使用;

（4）具有声光提示、各种工作状态（声音可以关断）显示；

（5）开锁后无进入，门会自动上锁；

（6）锁舌具有延时功能，关门后锁舌具备延时功能，并且时间可调节；

（7）具有关门提示报警功能；

（8）具备遥控开锁、系统锁定功能。

5.2 门禁系统布线

5.2.1 布设线管要求

不同的环境，门禁系统布设线管有不同的要求。

（1）沿墙敷设明管：沿墙敷设明管应当尽量靠上，要求整齐，离地面的距离调为一致，尽量避开遮拦物。平行走向的线管间距要一致，横向布管时要水平，垂直布管时要与地面垂直，拐弯处要整齐。墙角敷设的线管在走道处要用镀锌铁皮管，隐蔽处可以用 PVC 管，离地面高度为 100～200 mm。

（2）沿墙敷设暗管：当需要沿墙敷设暗管时，应尽量在建筑物土建时进行；不能破坏结构梁；要求管线一次到位，线端要测量信号连通性，做到绝缘（信号线 10 MΩ，电源线 30 MΩ 以上），并做好标记。

（3）天花板内敷设线管：天花板内敷设管可以参照沿墙明管的要求，也可以采用最短直线距离敷设管道，可以使用 PVC 硬管或软管。天花板内敷设管线要固定，不能影响维修天花板，不能过重而使得天花板塌陷。如果天花板承受力较脆弱，可考虑在水泥顶上吊装或沿墙敷设。

（4）地面敷设暗管：地面敷设暗管要开槽。在硬质水泥地面、楼层板内，线管埋入地下时，线管与地面距离不得小于 15 mm；过公路地面一定要用铁管，墙边无人走路处可以使用 PVC 管，必须保证管上部与地面有 15 mm 的水泥层；如果有防水层，要求开沟槽后，先重做一层防水层，以恢复被破坏的防水层，然后敷设线管。

（5）广场敷设线管：线管原则上要进入广场砖以下，线管上部距广场砖的距离不小于 15 mm，埋入完成后要用水泥砂浆回填，恢复原广场砖。线管原则上使用镀锌铁管。

（6）水泥路面敷设线管：线管穿过水泥夹层路面时，要开挖一定深度的沟，埋管后回填沙、石，恢复原水泥路面。线管必须用自来水管或镀锌铁管。

（7）室外敷设线管：室外可采用沿墙敷设、沿顶棚吊装或用高架水泥杆支撑的方式敷设线管。所有敷设线管应当选用自来水管，并做好防雷接地；所有铁管接头要采用钢筋焊接在一起，并在适合处用扁钢或圆钢引入地下，且埋入深度不小于 1.5 m，并在地下 1.5 m 处水平敷设 1.5 m 以上，必要时可加食盐。

5.2.2 线管线材选择

1. 线管

（1）主干系列：6/8″PVC 管，6/8″镀锌铁皮管，6/8″镀锌铁管。

（2）第二系列：6″自来水管，6″PVC 管。

（3）6/8″PVC 硬质塑料软管，6″PVC 硬质塑料软管，6″金属软管。

2. 线材

3 芯电源线的选择如表 5-1 所示。

表 5-1　3 芯电源线（RVV）的选择

序号	型　号	截面积/mm^2	外径	一　般　写　法
1	3×32/0.2	1.0	ϕ7	RVV3×1 mm^2
2	3×48/0.2	1.5	ϕ8	RVV3×1.5 mm^2
3	3×	2.5		RVV3×2.5 mm^2

屏蔽电缆（RVVP）的选择如表 5-2 所示。

表 5-2　屏蔽电缆（RVVP）的选择

序号	型　号	截面积/mm^2	外径	一　般　写　法	用途
1	4×16/0.2（2 芯屏蔽线）	0.5	ϕ5.6	RVVP 4×0.5	通信
2	4×16/0.2（4 芯屏蔽线）	0.75	ϕ6	RVVP 4×0.75	通信
3	屏蔽网线				通信

5.2.3　RS485 门禁系统线材

RS485 门禁系统对线材的要求如表 5-3 所示。

表 5-3　RS485 门禁系统对线材的要求

类　别	接 线 设 备		型号及要求			备　注
门禁联网线	门禁控制器到 RS232 转 RS485 转换器之间的连线		50 m 之内	50～200 m	200～800 m	
			RVVP2×0.5 mm^2	RVVP2×1.0 mm^2	RVVP2×1.5 mm^2	
读卡器 通信线	读卡器至门禁控制器		3m 之内	3～10 m	10～100 m	10～100 m 只用于 RS485 读卡器
			RVVP4×0.3 mm^2	RVVP4×0.5 mm^2	RVVP4×1.0 mm^2	
电锁电源 控制线	门禁控制器至电锁电源		10 m 之内	10～100 m		
			RVVP2×0.3 mm^2	RVVP2×0.5 mm^2		
电锁开关 信号线	电锁电源或电控锁之间		10 m 之内	10～100 m		
			RVVP2×0.5 mm^2	RVVP2×1.0 mm^2		
门禁控制 其他用线	各设备至门禁控制器	设备	10 m	10～50 m	50～100 m	具体可参考探头设备厂商的技术要求
		门磁	RVV2×0.3 mm^2	RVV2×0.5 mm^2	RVV2×1.0 mm^2	
		红外	RVV4×0.3 mm^2	RVV4×0.5 mm^2	RVV4×1.0 mm^2	
		烟感	RVV4×0.3 mm^2	RVV4×0.5 mm^2	RVV4×1.0 mm^2	
		开门按钮	RVV2×0.3 mm^2	RVV2×0.5 mm^2	RVV2×0.5 mm^2	
系统电源线	系统电源至门禁控制器		RVV3×1.0 mm^2 以上			
220V 电源线	市电至门禁各电源		RVV3×1.0 mm^2			

5.2.4　门禁系统布线要求

1. 门禁布线的基本要求

（1）门禁布线时电源线与信号线必须分管敷设。电锁电源线和门禁机电源线允许走同一管路，但同管长度不得大于 15 m，强电线与弱电线一律不能使用同一线管布置。电源线必须用 RVV 系列，严禁用 RV、VB 系列，线管直径必须在 6″ 以上，不得用 4″ 以下的线管，布线时不得硬拉。

（2）导线必须敷设在管道（PVC 管、铁管）里，不得直接布在地沟中或墙面上。特殊地方可用线槽布线。

（3）导线在导管出口处必须采取密封防水措施。

2．门禁放线操作程序

在放线前，电缆必须用万用表电阻挡做整卷线通断检查，保证所有芯线和屏蔽层完好。

在放线过程中，无论是电源电缆，还是信号电缆，无论是单根或是多根，均不得从线卷里圈或外圈向外抽拉，不得使线扭成螺旋。放线时应当一律采用滚动展开放线方式，顺着电缆的卷起方向分段放线，电缆之间不得扭卷支叉，并注意在放线的穿管中，不得硬拉、硬扯、打卷。

放线完工后，所有电缆的芯线及屏蔽网要再做一次通断检查，其方法如下：

（1）两头所有芯线全部剥出 10 mm 一段，先用万用表 1 k 电阻挡检查任意两根之间有无短路的现象，最好两端检查。

（2）将一头的两两不同颜色导线铜丝拧在一起，并记住配对导线颜色，在另一头用万用表电阻 1 k 挡检查配对电缆芯线通断检查，看看有无断路。为保险起见，可重新在另一头配对再次检查一遍。

（3）检查结束后，可将预留线头盘起、扎好，管口做好防水处理。

3．放线弯管处理

室内拐弯处用 90°弯头，但放线时要分段拉线，不可硬拉。

室外、露天等长距离走线情况下，有条件的地方尽量少用 90°弯头，而采用以下方法处理：

（1）硬质 PVC 塑料软管（强度为脚踩不变形为宜），可用双层，并要做防水处理。

（2）如用户有预留手孔井，可采用之，但尽量不与用户的通信线路或电源线混杂，并要用硬质 PVC 软管保护穿井的线段。

（3）在电缆多的情况下，可采用手孔井，穿井处必须用硬质 PVC 软管保护。

4．过水沟和路面线管处理

过水沟线管（从水沟上部穿过）应当用自来水管，不能用铁皮管或塑料管，且不能防碍排水。

过路面（汽车）线管要有一定的埋入深度，用镀锌铁管穿过。

5.2.5　门禁机连接示意图

1．单台 RS485 一体门禁机系统

单台 RS485 一体门禁机系统的组成与连接如图 5-10 所示。

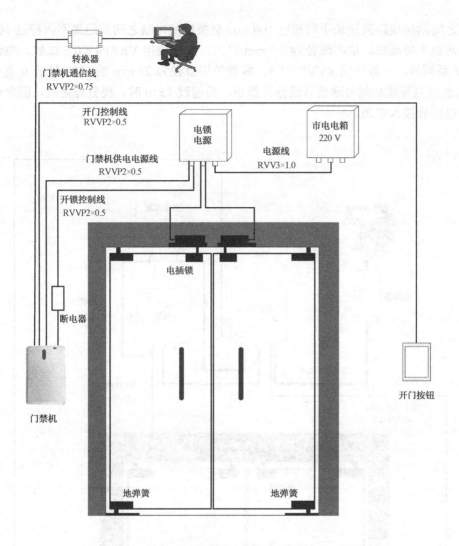

图 5-10   单台 RS485 一体门禁机系统的组成与连接

2. 单台 RS485 门禁机单门门禁系统

单台 RS485 门禁机单门门禁系统的组成与连接如图 5-11 所示。

3. 单台 RS485 门禁机双门门禁系统

单台 RS485 门禁机双门门禁系统的组成与连接如图 5-12 所示。

4. 单台 TPC/IP 双门门禁系统

单台 TCP/IP 双门门禁系统的组成与连接如图 5-13 所示。

每台门禁机要设置一组配电开关，对该门禁机进行独立开关控制，以免该门禁设备出现故障时影响人员出入，便于系统维护。

布线时，线缆在线管占用的空间原则上不大于线管截面的 35%，如果通信线与电源线一起走线，则通信必须单独在金属管内，以防止强电干扰。其他未注明或另行增补的电缆应当适当考虑备用线余量。TCP/IP 门禁控制器与交换机相连的网线，其距离最长不得超过 50 m；两台交换机之间的网线距离最长不得超过 100 m；交换机到电脑之间的距离不得超过 100 m。都要使用 4 芯以上屏蔽线，单芯线径为 0.5 mm 以上，一般使用 VRRP4×0.5 线缆。电源线必须使用 RVV 系列线，一般使用 RVV3×1.5；线管使用直径为 25 mm 的 PVC 管或 6 英寸自来水管。RVV 系列电源线必须与通信总线分开敷设，当超过 15 m 时，要分开走线，但允许从门禁机最近的电源处接入电源。

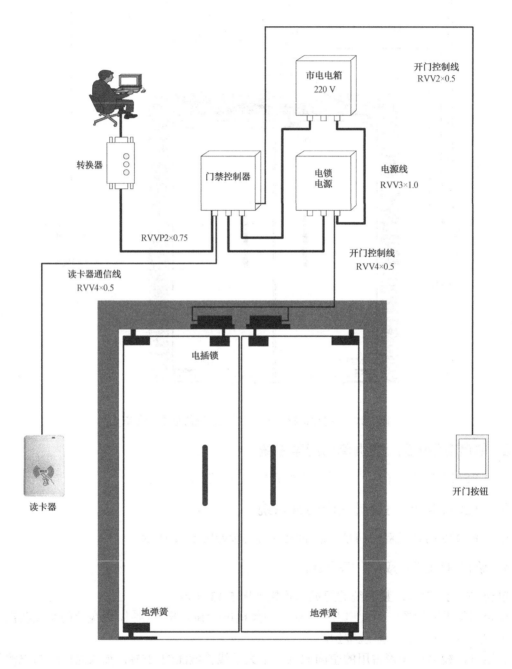

图 5-11　单台 RS485 门禁机单门门禁系统的组成与连接

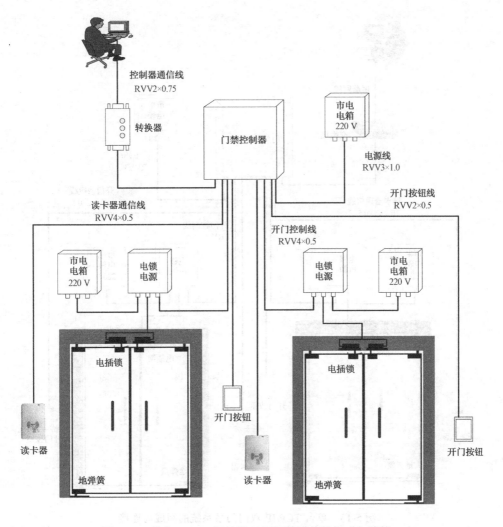

图 5-12　单台 RS485 门禁机双门门禁系统的组成与连接

5. 注意事项

（1）485 总线的通信距离控制在 1 200 m 之内。理论上，理想环境下 485 总线传输距离可达到 1 200 m。一般在通信线材优质达标，波特率为 9 600 Baud，而且只有一台 485 设备时才能使通信距离达到 1 200 m，并且能通信并不代表每次通信都正常。所以，通常 485 总线实际的稳定通信距离远远达不到 1 200 m。在负载的 485 设备较多时，线材阻抗不合乎标准、线径过细、转换器品质不良、设备要防雷保护、波特率增高等因素，都会降低通信距离。

（2）485 总线可以带 256 台设备进行通信。并不是所有的 485 转换器都能够带 256 台设备。要根据 485 转换器内芯片特色型号和 485 设备芯片采用的型号来判断，按最低的计算。一般 485 芯片负载能力有三个级别：32 台、228 台和 256 台。理论上的标称值往往是达不到的。通信距离长，波特率高，线径细，线材质量差，转换器质量差，转换器供电不足，防雷保护要求高等，都会大大降低实际负载数量。

（3）485 总线是一种用于设备联网的经济型传统工业总线。通信质量需要根据施工经验进行调试。485 总线虽然简单，但必须严格按照施工规范进行布线。485 总线并不是一种最简单、最稳定、最成熟的工业总线结构。

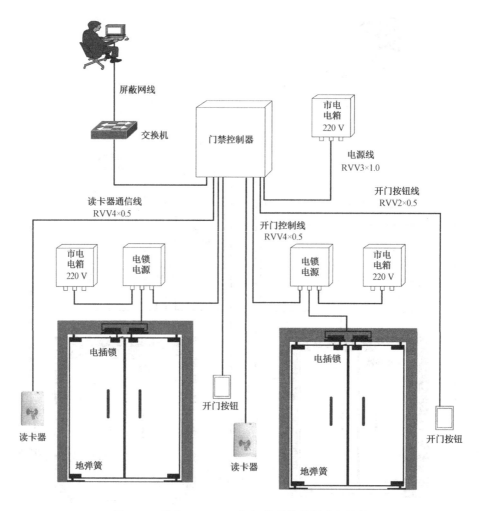

图 5-13 单台 TCP/IP 双门门禁系统的组成与连接

5. RS485 一体门禁机通信网络系统

典型 RS485 一体门禁机通信网络系统如图 5-14 所示。

RS485 一体门禁机通信系统一般采用一条总线，采用握手方式连接，单条总线距离不能超过 800 m；如果超过 800 m，则需要加装 RS485 信号放大器。加装放大器后最大工程案例总线距离达 5 000 m。如果布置多条总线，则需要使用 RS485 交换机。通信总线 485+ 和 485- 的阻值不能大于 120 Ω；如果大于 120 Ω，就需要并联 120 Ω 插件电阻，一般在总线的末尾处加一个 120 Ω 插件电阻。

6. RS485 门禁控制器通信网络系统

RS485 门禁控制器通信网络系统如图 5-15 所示。

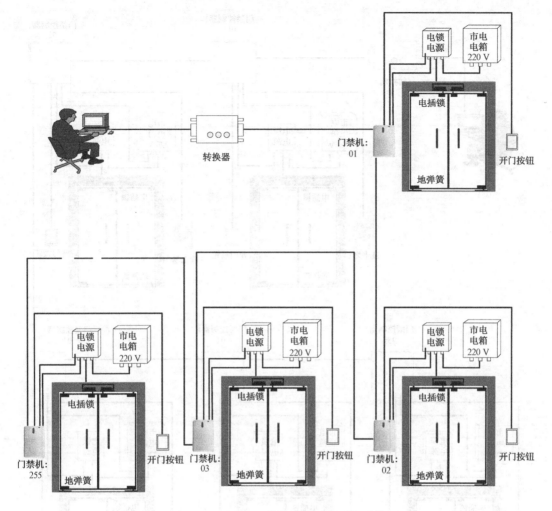

图 5-14　RS485 一体门禁机通信网络系统

7. TCP/IP 门禁控制器通信网络系统

TCP/IP 门禁控制器通信网络系统如图 5-16 所示。

8. RS485 门禁控制器通道闸机系统

RS485 门禁控制器通道闸机系统如图 5-17 所示。

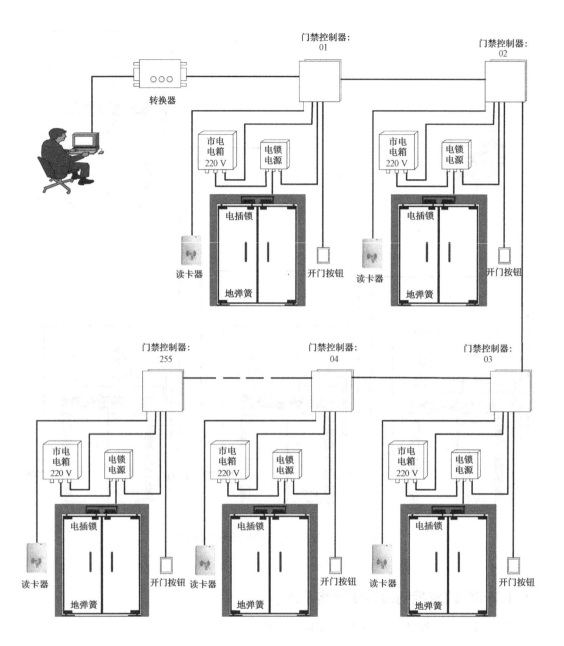

图 5-15　RS485 门禁控制器通信网络系统

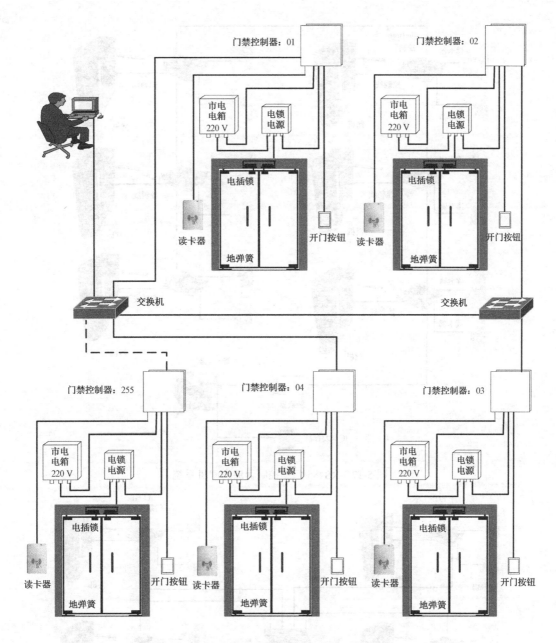

图 5-16　TCP/IP 门禁控制器通信网络系统

485+和485−数据线一定要互为双绞。

布线时一定要布多股屏蔽双绞线。多股是为了备用；屏蔽是为了出现特殊情况时调试；双绞线因为485通信采用差模通信原理，双绞的抗干扰性最好。

485总线一定要握手式的总线结构，坚决杜绝星状连接和树状连接。

9. TCP/IP 门禁控制器网络通道闸机系统

TCP/IP 门禁控制器网络通道闸机系统如图5-18所示。

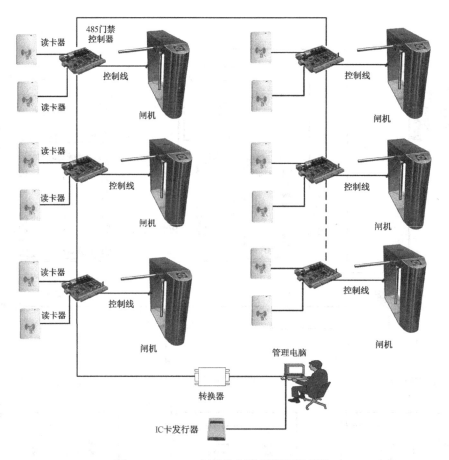

图 5-17　RS485 门禁控制器通道闸机系统

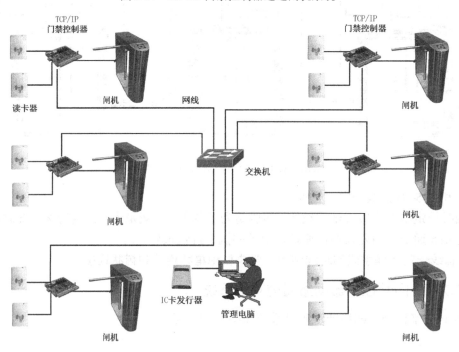

图 5-18　TCP/IP 门禁控制器网络通道闸机系统

5.3 硬件安装、调试和故障检测

5.3.1 安装

1. 门禁机和读卡器安装要求

门禁机和读卡器的安装布置如图 5-19 所示。

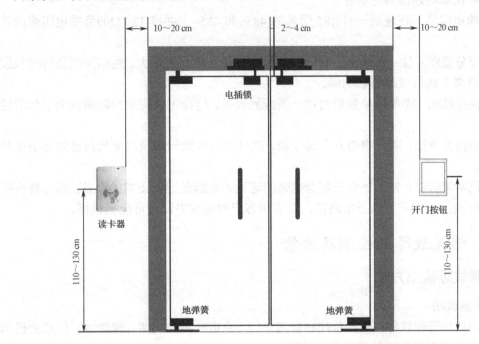

图 5-19 门禁机和读卡器的安装布置

2. 缆线接头处理

1）电源线加长处理

电源电缆加长时，中间接头必须错开 80～100 mm，外包一层热缩套管，然后用电工绝缘胶布缠绕。

（1）单股硬线可直接绞接；

（2）多股软线绞接后必须挂锡。

2）信号线加长处理

信号电缆加长时，中间接头点应错开 10～15 mm，铜丝绞接，烙牢，然后外套一层热缩套管。信号线接好后再加一层热缩套管或电工胶布，屏蔽网绞接后略微挂锡，以防散乱。整个电缆外再用电工胶布裹好。

3. 施工程序基本要求

工程施工为保证放线质量及流水作业效率，原则上应按如下方法进行：

（1）先放线，再填埋沟槽，减少拉线时的损伤；

（2）埋敷线管时应先开沟，再放线；

（3）尽量少用铁丝硬拉。

5.3.2 调试

调试之前，首先要确保设备接线正确，且严格合乎规范。常用调试方法如下：

（1）共地法：用一条线或者屏蔽线将所有485设备的GND地连接起来，这样可以避免所有设备之间存在影响通信的电势差。

（2）终端电阻法：在最后一台485设备的485+和485-上并接120Ω的终端电阻来改善通信质量。

（3）中间分段断开法：通过从中间断开来检查设备负载是否过大、通信距离是否过长或某台设备损害对整个通信线路的影响等。

（4）单独拉线法：简单地单独暂时拉一条线到设备，这样可以用来排除布线所引起的通信故障。

（5）更换转换器法：随身携带几个转换器，这样可以排除因转换器质量问题对通信质量而产生的影响。

（6）笔记本调试法：先保证自己随身携带的笔记本电脑是通信正常的设备，通过替换掉客户电脑来进行通信；如果可以正常通信，则表明客户的电脑串口有可能被损坏。

5.3.3 常见故障的检测及检修

1. 门禁故障检测方法

1）软件测试法

检测法：启动管理软件，进入总控制台选中门，点击检测控制器，软件运行信息会提示相关故障，那么就可以根据相关信息进行处理。

实时监控法：总控制台实时监控相应的刷卡指示灯，可以很方便地查出刷卡不开门的故障。

2）硬件指示灯法

➤ 通电时，可以观察电源指示灯POWER和CPU指示灯闪烁来判断控制器是否处于工作状态。

➤ 刷卡时，可以观察card灯来判断是否有读卡数据传输到控制器。

➤ 按出门按钮，可以观察继电器指示灯是否咔嚓响一下，以判断控制器继电器输出是否正常。

➤ 通信操作时看Tx和Rx灯：TCP控制器Rx（Link）灯常亮，表示接线大致没有问题；Tx灯闪烁，表示正在通信。

➤ err灯闪烁代表控制器出现故障了，再用软件检测，以获得详细信息。

➤ 视频控制器也可以观察电源指示灯，ping时RJ45口指示灯是否交替闪烁。

➤ 通过观察485有源转换器有无闪烁，可以判断电脑有无数据发送。

3）替换排除法

设备替换法：设备替换法只能作为参考，不能完全确定故障。这是因为：如果故障是由某个环境或者因素引起的，则不一定会马上表现出来，就像人的慢性疾病一样有一个潜伏期，过段时间才会引起问题出现。例如，若将怀疑有问题的设备换下来，而单独检测没有问题，则可能是布线等环境干扰的问题，应该继续查找故障源。

电脑替换法：可以判断是否是客户的电脑或者操作系统环境、病毒的问题，以及串口输出或者设置是否正确。

数据库、软件替换法：比如，若提取记录或上传设置失败、生成报表失败等，可以用另一个全新的数据库或软件，确定问题的范围。

4）分离排除法

以门禁控制器为核心，可以外接许多被控设备；而外接设备的质量参数性能参差不齐，要兼容就可能存在干扰，导致的现象也就千奇百怪，如控制器重启、ERR 灯闪烁、门异常开合。可以先分离此外接设备，看是否正常；然后逐一加载各个外接的设备，并加载一个测试一下，看看是加载哪个设备所引起的故障。三棍闸、道闸、电铃、电梯、自动门，还有扩展板外接的各种报警装置，都可能是干扰源，解决方案是加装弱电隔离器。

例如，对于 485 通信方式，一个系统有 8 台控制器，可以考虑先断开后面的 4 台，然后断开剩下 4 台中的两台来缩小查找范围，或先断开第二台，逐台把后面的控制器连接到通信线路，看加到哪台时出现问题。

2. 门禁常见故障及维修

1）现象：门禁机和门禁控制器与电脑不能通信

分析原因：

➤ 新增控制器地址及型号配置没有填对；

➤ 485 通信线接反；

➤ 通信端口不对或被其他端口占用；

➤ 转换器有问题或电脑本身端口有问题；

➤ 线路问题。

解决办法：

➤ 按控制板上面贴的序列号正确填写；

➤ 将门禁机上面的 PC485 A 和 PC485 B 与转换器正确连接；

➤ 正确选择端口或关闭占用端口的软件；

➤ 换一个转换器或电脑再试；

➤ 检查线路是否连通，中间是否有断线的可能。

2）现象：门禁机和门禁控制器与电脑通信质量差

分析原因：

➤ 485 总线不是手拉手的握手接线方式；

➤ 485 通信线路干扰大；

➤ 485 通信转换器驱动不够。

解决办法：

➤ 按 485 通信规范连接控制器；

➤ 避开干扰源并更换门禁机供电电源；

➤ 当控制器数量大于 6 台时，换有源控制器。

3）现象：读卡器一直叫

分析原因：

➢ 读卡器死机；

➢ 读卡器供电电压低。

解决办法：

➢ 读卡器重新上电；

➢ 加粗读卡器的供电线或更换读卡器；

➢ 采用就近供电，此时读卡器的电源地线必须与控制器的地线连接。

4）现象：刷卡后没有数据上传

分析原因：

➢ 读卡器接线错误；

➢ 读卡器已被烧坏。

解决办法：

➢ 按读卡器的接线说明书正确接线；

➢ 更换新读卡器。

5）现象：刷卡后上传的卡号有时对，有时不对

分析原因：读卡器与门禁控制器之间的干扰大或距离太长，电压降太大。

解决办法：

➢ 加粗读卡器与门禁控制器的通信线；

➢ 缩短读卡器与门禁控制器之间的距离；

➢ 单独使用电源给读卡器供电，但电源地线和读卡器地线要与门禁控制器的地线共地。

6）现象：读卡器的刷卡距离短

分析原因：

➢ 读卡器背后有金属干扰；

➢ 读卡器外部有强磁干扰；

➢ 两个读卡器背对背安装太近。

解决办法：

➢ 避开金属干扰；

➢ 远离强磁干扰源；

➢ 背对的两个读卡器要错开安装。

7）现象：电锁动作时控制器复位，重启动

分析原因：电源容量不足，电锁动作时引起电源较大波动，导致控制器复位或重启动。

解决办法：加大电源容量。当电锁与控制器共用电源时，必须保证控制器有 2 A 以上容量的电源。

8）现象：刷卡后门不能打开

分析原因：

➢ 电锁接线错误；

➢ 卡没有开门权限。

解决办法：

➤ 控制器的输出是接点输出。由于电锁必须经过电源，所以当控制器上面的继电器动作正常而锁动作不正常时，要仔细检查电源、电锁和控制器之间的接线。

➤ 给卡设置能开门的权限。

5.4 门禁实训

实训一 认识门禁电源

【实训目的】

（1）了解门禁系统中外围电源的功能；

（2）掌握门禁电源的接线方法。

【实训设备】

（1）门禁电源 1 台；

（2）数字万用表 1 块；

（3）电烙铁、焊锡膏、焊锡丝、绝缘胶布；

（4）0.5 mm^2×2 连接线 0.5 m，1.0 mm^2×2 连接线 0.5 m，二相插头 1 个，一字螺丝刀 1 把，十字螺丝刀 1 把。

【知识拓展】

在门禁系统工程中，为了减小门控制器的负荷，节省工程布线，减少故障隐患，经常采用外置独立电源对电控锁等执行部分供电。

输入指标：

➤ 交流输入：AC 220 V，50 Hz；

➤ 直流输出：空载 DC 14 V，负载 DC 12 V；

➤ 标准输出电流 5 A，瞬间输出电流 5 A。

【实训步骤】

步骤 1：用螺丝刀旋下电源外壳的螺丝，取下外壳。

步骤 2：观察门禁电源的内容结构。

步骤 3：连接导线。

（1）使用电烙铁，将 AC 输入引线，使用 1.0 mm^2 双绞线将引线加长并加装插头。

注意：连接处用绝缘胶布保护。

（2）使用万用表 200 Ω 电阻挡测量插头两个金属片之间的电阻，电阻值约为 60 Ω，如果过大说明焊接不可靠，过小说明线路可能有短路。

步骤 4：使用表交流 600 V 挡测量实验台交流供电。如果测量值为 220 V±20 V，表明市电在可用范围内。

步骤 5：将连接好的插头，接交流电。

步骤 6：使用万用表的直流 20 V 挡，测量表 5-4 所示各项的数值并将结果填入表内。

表 5-4　测量门禁电源

项目\序号	测量点	5、6 短路时	断开 5、6 后 20 秒内	7 接 5，8 接 4 时	7-5，8-4 断开后 20 秒内
1	V13				
2	V23				
3	V45				
4	V65				

实训二　安装四线电插锁

【实训目的】

了解四线电插锁的安装。

【实训设备】

四线电插锁。

【实训步骤】

安装四线电插锁的步骤如下：

（1）先将门关上，确定门与门框的中心线；

（2）按贴纸上所示的孔位在门框上开孔；

（3）在门框上安装锁体，上好挡板，并用螺丝固定；

（4）在门上安装锁扣。

注意：

➢ 锁舌与锁扣位置要对准，安装要妥当、牢固；

➢ 锁的延时可调至 2.5 秒，等门关好，不再晃动后再上锁；

➢ 木门 90°或 180°开启均可。

实训三　八线电插锁的安装和使用

【实训目的】

（1）了解八线电插锁的安装；

（2）了解电插锁的接线方法和使用。

【实训设备】

二线、四线、八线电插锁。

【实训步骤】

步骤 1：安装八线电插锁。

（1）先将门关上，确定门与门框的中心线，再将电锁包装盒内的贴纸与中心点对齐贴上；

（2）按贴纸上标示的孔位在门框上开孔；

（3）在门框上安装锁体，上好挡板，并用螺丝固定；

（4）在门上安装锁扣。

步骤2：连接线。

（1）认识八线电插锁的 8 条线。八线电插锁尾部有红、黑、蓝、白、黄、绿、灰、橙 8 种颜色引线。

红线为电锁电源（+）线，接 DC 12 V 的电源或受控的 12V 电源线；黑色为电锁的电源负极，接电锁源（−）。蓝、白和黄为锁芯状态侦测线，蓝色为常开点（NO），白色为公共点（COM），黄色为常通路（NC）。黄色通路如图 5-20 所示。

当锁芯弹出时常闭点就断开，常开点接通。绿、灰、橙线为门侦测线，绿色为常开点（NO），灰色为公共点（COM），橙色为常通路（NC）。橙色通路如图 5-21 所示。门关到位后常开和常闭的接通状态相互转换。

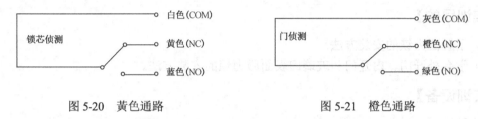

图 5-20　黄色通路　　　　　　　　　　图 5-21　橙色通路

（2）电锁接线。在安装时接到电锁电源线的必须是 DC 12 V。电插锁延时可调，所谓延时，是指从锁打开到人进入并将门闭合后电插锁再次上锁的时间长度。延时调节设在电插锁的中部，调整跳针可改变上锁延时时间，其设置方法共有三挡：0 秒、2.5 秒、5 秒。八线电插锁接线如图 5-22 所示。

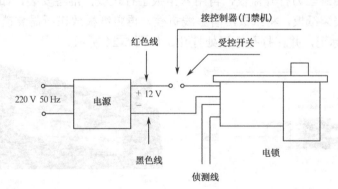

图 5-22　八线电插锁接线

注意：

➢ 锁舌与锁扣位置要对准，安装要妥当、牢固；安装不当会造成锁舌不到位、锁体发热，锁的寿命会急剧减小。

➢ 锁的延时可调至 2.5 秒，等门关好，不再晃动后再上锁。

步骤3：电插锁使用。

（1）木门 90°或 180°开启均可。

（2）玻璃门一般是 180°开启。

➢ 上有框，下有框：标准包装的电插锁；

> 上有框，下无框：标准包装的电插锁和电插锁小门夹；

> 上无框，下无框：全无框玻璃门电插锁。

（3）铁质门一般是 90°开启。

> 子母门，一般是三七分，只要在木门配 1 把锁即可；

> 企口门，只要主动门配置 1 把锁即可；

> 平口门，需要配置 2 把锁。

（4）一般的办公室门、会议室门都可以选配电插锁。

注意：防火逃生门或楼梯口门绝对不允许配电插锁，要配置磁力锁或剪力锁；因为万一电插锁出现问题，就没办法把锁舌缩回，该门就打不开。

实训四　安装磁力锁

【实训目的】

（1）了解磁力锁的安装方法；

（2）学会外开门、内开门和玻璃门表面磁力锁的安装方法。

【实训设备】

磁力锁。

【实训步骤】

1）外开门磁力锁的安装

步骤 1：首先用螺丝刀打开盖板，再用六角扳手打边板，准备安装，如图 5-23 所示。

步骤 2：拿出安装纸板，将纸板沿着虚线折叠，再将纸板放在所需装锁的位置，然后把需要打孔的位置做上标记，并在打孔标记处打孔，如图 5-24 所示。

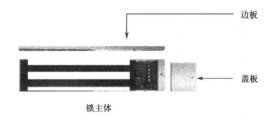

图 5-23　打开磁力锁的盖板

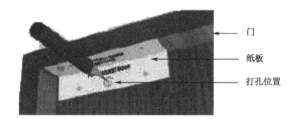

图 5-24　做打孔标记

步骤 3：安装锁体。

（1）固定磁铁板。将内六角螺丝插入磁铁板中，把橡胶垫片置于磁铁板和门之间，然后套在内六角螺丝上。将磁铁板插入门上打的三个孔中，同时把圆头压花螺母从门的另一面插入，利用六角扳手将磁铁板锁在门上，如图 5-25 所示。

（2）固定边板。将边板用两个螺丝固定在之前打孔的门框上（固定在边板的长形孔中）。

注意：不要将边板锁紧，让其能前后移动，以利于修正安装位置。

（3）修正边板的位置，使边板与磁铁板的位置合适，目的是使锁主体能与磁铁板紧密接触。

（4）固定锁主体与边板，如图 5-26 所示。拧紧边板的螺丝，再拧紧所有的沉头螺丝。在适当的位置钻孔，以便接线。最后用六角扳手把锁主体拧在边板上。

图 5-25　固定磁铁板

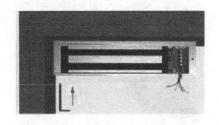

图 5-26　固定锁主体与边板

步骤 4：按照说明书的指示接线。

步骤 5：把小铝柱体塞进锁主体，如图 5-27 所示。盖上盖板，拧紧螺丝，如图 5-28 所示。

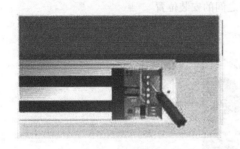

图 5-27　小铝柱体放进锁主体

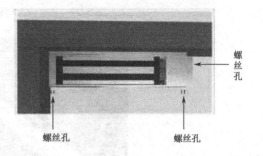

螺丝孔

螺丝孔　　　　　　螺丝孔

图 5-28　盖上盖板

2）内开门磁力锁的表面安装

　　内开门磁力锁在安装磁铁板时注意不要把它锁紧，让其能轻微摇摆，以利于和锁主体自然结合。内开门做表面安装时需要有辅助配件来协助安装，选用富有装饰性的优质进口铝材来制作这种安装配件：Z 形支架。每套 Z 形支架含三块铝材配件，其中较长的一块 Z1 配给锁主体使用，另外两块较短的 Z2、Z3 配给磁铁板用。Z2 是安装在门上的，边上有 5 个沉孔，用于固定在门上；Z3 边上有 3 个孔用来固定磁铁板，中心孔对齐磁铁板的中心孔。

　　（1）将 Z 形支架中的 Z1 支架放在装锁的位置上，用 M5×25 的自攻螺丝固定于门框或墙面上。

　　（2）用六角扳手将锁主体锁在 Z1 支架上。

　　（3）对应 Z1 支架的位置把 Z2 支架固定在门上。

　　（4）将磁铁板插入 Z3 的 3 个孔中假固定，然后将门关好，使磁铁和磁铁板紧密吻合。Z2与 Z3 的相对位置根据门的厚度调节，确定 Z2、Z3 的衔接位置。

　　（5）将 Z2、Z3 拧紧，然后将磁铁板用 M8×25 内六角螺丝固定于 Z3 上（将螺丝、铁板、垫圈、橡胶垫圈依次穿入），如图 5-29 所示。

　　安装完成后的效果如图 5-30 所示。如果是双扇门，可以用两套 Z 形支架。

3）安装埋入式磁力锁

　　对于木门来说，如果门挡边的尺寸够埋入锁主体，则安装非常简单：只需挖一个合适的槽，锁埋进后拧上螺丝即可，一般的施工人员见锁就会安装。

　　铝合金门的门框一般是空心的，常见的有两种安装方法：内衬木块法和利用安装配件法。

　　（1）内衬木块安装：在门框里放入一块大小合适的木头作为衬，再拧螺丝，如图 5-31 所示。这种方法取材方便，安装简单。在实际安装中大多采用这种方法。

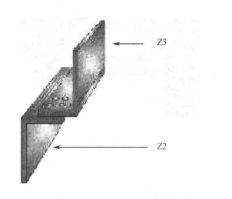
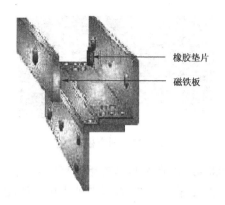

橡胶垫片

磁铁板

图 5-29　Z2、Z3 与磁铁板之间的安装位置

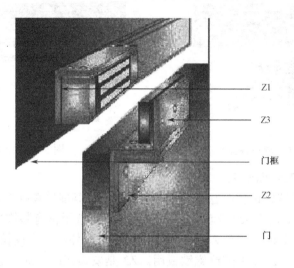

Z1

Z3

门框

Z2

门

图 5-30　带 Z 形支架的内开门磁力锁安装完成后的效果

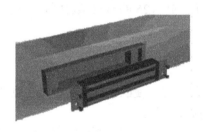

图 5-31　内衬木块法

（2）利用安装配件法。利用安装配件法是利用提供的四孔铁板+U 型铁配件，使安装更加简便。

内开门与外开门的埋入式安装方法一致。

4）玻璃门磁力锁的安装

步骤 1：有铝合金（或其他材料）包框玻璃门磁力锁的安装。

玻璃门做埋入式安装时，无论它是内开式、外开式还是双开式自由门，其安装方法与普通门的埋入式安装一样。

注意：玻璃门需要装有铝合金包框，因锁吸和距离要求小于 6 mm，所以要求门边到门框的距离小于 6 mm，采用品质稳定的地弹簧，否则会影响锁的定位。

步骤 2： 无框玻璃门磁力锁的安装。

一般的锁具很难安装在玻璃门上，即使有些锁可以安装，也会影响整个门的美观；而磁力锁配合安装配件，可以轻松地安装，而且美观、可靠。

（1）利用 U 形支架在无框玻璃门上安装磁力锁。

没有包框的玻璃门需要有配件来辅助安装。其安装方法与普通门的表面安装方法基本相同，只不过是在安装磁铁板时不同，如图 5-32 所示。

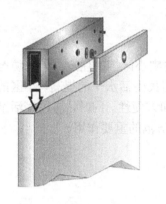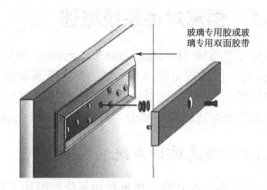

玻璃专用胶或玻璃专用双面胶带

图 5-32 利用 U 形支架安装无框玻璃门

把 U 形槽连同橡胶缓冲垫及不锈钢垫片（放在锁螺丝的一边）套在玻璃门上，用无头内六角螺丝拧在玻璃门上，然后把磁铁板固定在 U 形槽上。对于不同的玻璃门厚度及不同型号的磁力锁，厂家会提供不同型号的安装配件。

（2）利用 AB 架来安装。先把 AB 架用玻璃专用胶（或双面胶带）固定在玻璃门上，然后把磁铁板固定在支架上。

磁力门锁在安装时要注意：

➢ 安装前要认真阅读安装说明书。
➢ 不要在磁铁板或锁主体上钻孔，不要更换磁铁板固定螺丝，不要用刺激性的清洁剂擦拭磁力锁，不要改动电路。
➢ 磁力门锁保养：磁力门锁的保养比其他锁类简单，只要保持磁铁板和锁主体表面无杂质即可。所以请定期用非蚀性的清洁剂擦拭其表面。

第6章　楼寓对讲系统

本章介绍楼寓对讲系统的常用标准及查询现行标准的方法，楼寓对讲系统的组成和分类，楼寓对讲系统的基本功能和扩展功能，以及楼寓对讲系统的音频特性、视频特性、电气特性和电磁抗干扰等性能要求。同时，介绍楼寓对讲系统接线、数字对讲系统常用设备和一个实训。

6.1　楼寓对讲系统概述

楼寓对讲系统（building intercom system, BIS）是居民住宅小区等的住户与外来访客的对话系统，对小区的规范管理和小区的安全有重要意义。随着居民生活水平的提高，小区的管理越来越规范、严谨，小区对讲系统能充分提高管理的简捷性和方便性。同时，居民生活节奏加快，亲友之间互访的时间减少，对讲系统可以充分发挥安全防范的重要作用。

6.1.1　楼寓对讲系统的发展

经过 30 多年的发展，楼寓对讲系统已经历了四代。

1. 第一代对讲系统

20 世纪 80 年代末期，国内已开始有单户可视对讲和单元型对讲产品面世。最早的楼寓对讲产品功能单一，只有单元对讲功能，系统中仅采用发码、解码电路或 RS-485 进行小区域单个建筑物内的通信，无法实现整个小区内大面积组网。这种分散控制的系统，互不兼容，各自为政，不利于小区的统一管理，系统功能较为单一。

2. 第二代对讲系统

随着国内人们的需求逐步提升，原来不能联网和非可视已经不能满足要求，于是进入联网阶段。20 世纪 90 年代中后期，组网成为智能化建筑最基本的要求。因此，小区的控制网络，广泛地采用单片机技术和现场总线技术。采用这些技术可以把小区内各种分散的系统互联组网、统一管理、协调运行，从而构成一个相对较大的区域系统。现场总线技术在小区中的应用，使对讲系统向前迈出了一大步。

此后楼寓对讲产品进入第二个高速发展期，大型社区联网及综合性智能楼寓对讲设备开始涌现。2000 年以后各省会城市楼寓对讲产品的需求量发展迅速，相应生产厂家也快速增加，形成了珠三角与长三角两个主要厂家集群地。珠三角以广东、福建两地为主，主要厂家有广东安居宝、深圳视得安、慧锐通、福建冠林、厦门振威等；长三角以上海、江苏两地为主，主要厂家有弗曼科斯（上海）、杭州 MOX、江苏恒博楼宇等。

从需求市场来看，此类产品已进入需求量平台区。经过大量的应用，传统总线可视对讲系统也表现出一定的局限性：

（1）抗干扰能力差。常出现声音或图像受干扰而不清晰的现象。

（2）传输距离受限。远距离时需增加视频放大器，小区较大时联网困难，且成本较高；采用总线制技术，占线情况特别多，因为同一条音视频总线上只允许两户通话，不能实现户户通话。

（3）功能单一。大部分产品仅限于通话、开锁等功能，设备使用率极低；由于技术上的局限性，产品升级或扩充困难；因行业缺乏标准，系统集成困难，不同厂家之间的产品不能互联，同时可视对讲系统也很难和其他弱电系统互联。

（4）不能共用小区综合布线，工程安装量大，服务成本高，也不能很好地融入小区综合网络。

2000 年，推出了网络可视对讲系统，其数字控制信号使用网线传输，音视频使用同轴电缆传输，因此布线时需要两套线。此系统打破了传统的总线结构，为楼寓对讲系统过渡到数字阶段提供了可行性。

3. 第三代对讲系统

2001 年到 2003 年，Internet 的应用普及和计算机技术的迅猛发展，使人们的工作、生活发生了巨大变化，数字化、智能化小区的概念已经被越来越多的人所接受，楼寓对讲产品进入第三个高速发展期，多功能对讲设备开始涌现，基于 ARM 或 DSP 技术的局域网技术开发的产品逐渐推出，数字对讲技术有了突破性的发展。此类对讲系统利用网络传输数据，模糊了距离的概念，可无限扩展；突破了传统观念，可提供网络增值服务（如提供可视电话、广告等功能，且费用低廉）；将安防系统集成到设备中，可提高设备实用性。

网络对讲系统的主要优点：

（1）适应复杂、大规模和超大规模小区组网需求。

（2）数字室内机实现了数字、语音、图像通过一根网线传输，从而不需要再布数据总线、音频线和视频线。只要将数字室内机接入室内信息点即可。

（3）可以实现多路同时互通，而不会存在占线的现象。

（4）对于行业的中高档市场冲击很大，出现了跨行业发展。

（5）接口标准化，规范标准化。

（6）组建网络费用较低，便于升级和扩展。

（7）可利用现有网路，免去工程施工。

（8）便于维护和产品升级。

事实上，传统产品的生产厂家也注意到了市场的这些需求，通过努力满足了其中部分需求；但随着用户需求的不断提高，传统厂商已经感到力不从心，纷纷终止原有产品线的开发，转而寻求数字化解决之道。

4. 第四代对讲系统

截止到 2005 年，广域网数字可视对讲系统已经在全国范围内悄然出现，并且其系统稳定性、可运营性都十分可靠，标志着对讲系统已进入数字可视对讲时代。

2004 至 2005 年，市场上出现了数字可视对讲系统产品。广域网可视对讲系统是在 Internet 广域网的基础上构成的，数字室内机作为小区网络中的终端设备起到两个作用：一是利用数字室内机实现小区多方互通的可视对讲；二是通过小区以太网或互连网同网上任何地方的可视 IP 电话或 PC 之间实现通话。随着整个产业步入良性循环，一个全新的宽带数字产业链逐步清晰，基于宽带的音频、视频传输和数据传输的数字产品是利用宽带基础延伸的新产品，它既包括宽带网运营商,也包括宽带用户驻地网接入商,未来以视频互动为特征的宽带网内容提供商、宽带电视等下游产业也正在浮出。总之,可视对讲产品的发展的主要方向是数字化,数字化是可视对讲系统发展的必由之路。

6.1.2 楼寓对讲系统常用标准

了解楼寓对讲系统现行标准对于楼寓对讲系统的设计、项目施工、验收和维护是非常重要的。

1. 查询楼寓对讲系统标准

在地址栏内输入网址"http://cx.spsp.gov.cn/",打开国家标准网网站,在关键字文本框内输入关键字"楼寓对讲",则查询结果如图6-1所示。

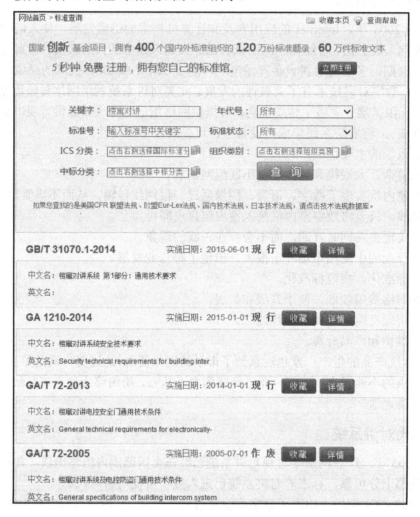

图 6-1 楼寓对讲系统现行标准查询结果

从当前查询结果可知,现行楼寓对讲系统标准有:

(1) GB/T 31070.1—2014 楼寓对讲系统 第 1 部分:通用技术要求;

(2) GA 1210—2014 楼寓对讲系统安全技术要求;

（3）GA/T 72—2013 楼寓对讲电控安全门通用技术条件。

作废的标准有：

（1）GA/T 72—2005 楼寓对讲系统及电控防盗门通用技术条件；

（2）GA/T 72—1994 楼寓对讲电控防盗门通用技术条件；

（3）DB44/ 58—1992 楼寓对讲电控防盗门安全要求。

2. 了解出楼寓对讲系统标准

现行楼寓对讲系统的标准主要是《GB/T 31070.1—2014 楼寓对讲系统 第 1 部分：通用技术要求》、《GA 1210—2014 楼寓对讲系统安全技术要求》和《GA/T 72—2013 楼寓对讲电控安全门通用技术条件》。

1）楼寓对讲系统通用技术要求

GB/T 31070（楼寓对讲系统）标准由四部分组成，其中第 1 部分为通用要求，第 2 部分为全数字楼寓对讲系统技术要求，第 3 部分为高安全性楼寓对讲系统技术要求，第 4 部分为应用指南。各部分均有自己独立的范围、引用、定义和要求。目前已经制定并出版的只有第 1 部分，即《GB/T 31070.1—2014 楼寓对讲系统 第 1 部分：通用技术要求》，它由中华人民共和国国家质量监督检验检疫总局和中国国家标准化管理委员会 2014 年 12 月发布，2015 年 6 月 1 月实施。

GB/T 31070.1（楼寓对讲系统通用技术要求）标准由前言，规范性引用文件，术语、定义和缩略语，典型楼寓系统组成，功能要求，性能要求，试验方法，说明文件，检验规划和附录组成。它规定了楼寓对讲系统的组成、功能、性能、试验方法等技术要求，适用于住宅及商业建筑出入口的楼寓对讲系统。

2）楼寓对讲系统安全技术要求

《GA1210—2014 楼寓对讲系统安全技术要求》由中华人民共和国公安部 2014 年 12 月 23 日发布，2015 年 1 月 1 日实施。该标准部分替代了《GA/T 72—2005 楼寓对讲系统及电控防盗门通用技术条件》标准。它由范围，规范性引用文件，术语、定义和缩略语，系统组成，功能要求，性能要求，试验方法和附录组成。该标准规定了楼寓对讲系统与安全相关的功能、性能要求和试验方法，适用于住宅及商业建筑使用的楼寓对讲系统。

3）楼寓对讲电控安全门通用技术条件

《GA/T 72—2013 楼寓对讲电控安全门通用技术条件》由中华人民共和国公安部 2013 年 11 月 22 日发布，2014 年 1 月 1 日实施。该标准由前言、范围、规范性引用文件、术语和定义、组成、产品级别和标记、技术要求、试验方法、检验规则、包装、运输和贮存等部分组成。它规定了楼寓对讲电控安全门的组成、产品级别和标记、技术要求、试验方法、检验规则、包装运输和贮存，适用于楼寓出入口和具有对讲电控功能的安全门。

6.2 楼寓对讲系统的组成和分类

6.2.1 楼寓对讲系统的组成

楼寓对讲系统（BIS）是用于住宅及商业建筑，具有选呼、对讲甚至可视等功能，并能控制开锁的电子系统。

楼寓对讲系统一般由有线（或无线）连接的访客呼叫机、用户接收机、电源以及专用（或通用）辅助装置组成。该系统的组成示意图如图6-2所示。

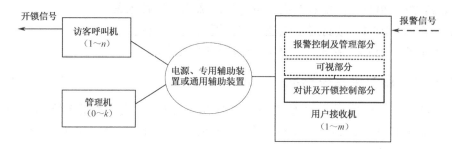

注：① n为仿客呼叫机个数，m为用户接收机个数，k为管理机台数。
② 虚线为可选部分。

图6-2　楼寓对讲系统的组成示意图

访客呼叫机（VCU）是安装在受控建筑入口处，能选呼用户接收机，并能实现对讲、摄像和控制开锁的装置。

用户接收机（URU）是能被访客呼叫或管理机选呼，实现对讲、可视（如果有的话），并能控制访客呼叫机开锁的装置。

管理机（MU）是一种供管理员使用的，能与访客呼叫机、用户接收机双向选呼、对讲，并能控制访客呼叫机开锁的装置。

辅助装置（auxiliary device）是用于辅助实现楼寓对讲系统相关功能的装置，如用于系统的通信传输、远程控制、与第三方设备接口集成等。

6.2.2　楼寓对讲系统的分类

楼寓对讲系统根据基本性质、传输方式和应用场所等可分为不同的类型。按基本性质划分，可分为可视对讲系统和非可视对讲系统；按传输方式划分，可分为总线制对讲系统、网络对讲系统、无线对讲系统等；按应用场所划分，可分为监狱对讲系统、医院对讲系统（医护对讲系统）、电梯对讲系统、学校对讲系统、银行对讲系统（银行窗口对讲机）等。

典型的楼寓对讲系统，一般分为单地址楼寓对讲系统、多地址楼寓对讲系统和组合楼寓对讲系统三类。

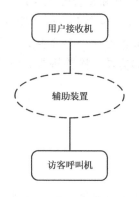

图6-3　单地址系统组成

1. 单地址楼寓对讲系统

单地址楼寓对讲系统是一种所有的用户接收机共享一个地址的楼寓对讲系统（以下简称单地址系统）。它由访客呼叫机、用户接收机、电源及可能需要的辅助设备组成，如图6-3所示。

图6-3中的访客呼叫机和用户接收机可以是一台也可以是多台，所有用户接收机共享一个地址。

2. 多地址楼寓对讲系统

多地址楼寓对讲系统是一种供多用户使用的楼寓对讲系统，其中有两个或两个以上地址，并且每一个地址可以连接一台或多台用户接收机共享。

多地址楼寓对讲系统（以下简称多地址系统）由访客呼叫机、用户接收机、电源及其他辅助设备组成，如图6-4所示。

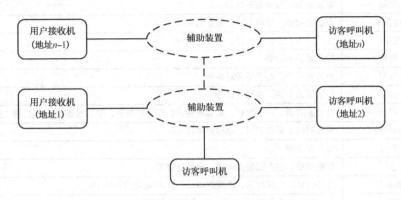

图6-4 多地址系统组成

图6-4中的访客呼叫机可以是一台或多台，每个地址可以让一台或多台用户接收机共享。

3. 组合楼寓对讲系统

组合楼寓对讲系统（以下简称组合系统）是由单地址系统和（或）多地址系统与管理机组成的，必要时增加相应的辅助装置，如图6-5所示。

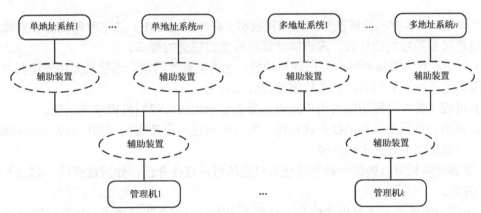

注：m 为单地址系统个数，n 为多地址系统个数，k 为管理机台数；m、n 不能同时为0。

图6-5 组合系统组成

4. 常见建筑物对讲应用

常见建筑物对讲应用如表6-1所示。

表6-1 常见建筑物对讲应用

序号	应用场所	对讲应用类型
1	安检部分	紧急对讲、电梯对讲、公共警报等
2	政府	办公对讲、电梯对讲、紧急对讲等
3	医院	办公对讲、电梯对讲、紧急对讲、技术室对讲、病人对讲等
4	停车场	女性紧急求助对讲、电梯对讲、公共警报等

序号	应用场所	对讲应用类型
5	监狱	监狱对讲等
6	法院	监狱对讲、办公室对讲等
7	办公室	办公室对讲、电梯对讲、紧急对讲等
8	发电厂	工厂对讲、办公室对讲、电梯对讲等
9	学校	校区紧急对讲等
10	别墅	办公室对讲、公共场所对讲等
11	大学	校区紧急对讲、电梯对讲等
12	机场	办公室对讲、电梯对讲、紧急对讲、行李管理对讲、乘客对讲、手机-广播-控制-对讲等
13	火车站	铁路对讲、紧急对讲、电梯对讲等
14	公寓	公共警报等
15	工厂	维护对讲、生产线警报对讲、电梯对讲等
16	警察局	办公对讲、电梯对讲、监狱对讲、手机-广播-控制-对讲等
17	消防局	办公对讲、电梯对讲、手机-广播-控制-对讲等
18	其他建筑	办公对讲、电梯对讲、紧急对讲等

6.3 对讲系统的功能要求

6.3.1 基本功能要求

（1）呼叫。访客呼叫机应能呼叫用户接收机。在呼叫过程中，访客呼叫机有听觉或视觉的提示。用户接收到呼叫信号后，应该能够发出听觉或视觉的提示。

（2）对讲。对讲系统要具有双向通话功能，对讲语音要清晰、连续且无明显遗漏字。系统应具有限制通话时长的功能，以免信道被长时间占用。

（3）可视。具有可视功能的用户接收机要能显示由访客呼叫机摄取的图像。

（4）开锁。系统要具有电控开锁功能，用户能通过用户接收机识别访客并手动控制开锁。系统也可以通过以下方式实现开锁：

  ➢ 访客呼叫机可以提供一种方法让有权限的用户直接开锁，如通过密码、感应卡或其他方式。

  ➢ 出门按键或开关所发出的信号。根据不同等级的安全防范要求，出门按键可以是简单的开关或复杂的密码开关等。

  ➢ 其他信号，如火灾报警信号、楼寓疏散信号等。

（5）夜间操作。访客呼叫机应能提供夜间按键背光、摄像头自动补光功能，方便使用者夜间操作。

（6）操作指示。系统应有操作信息的提示功能。访客呼叫机应有明确的呼叫操作指示或标识，访客呼叫机在操作过程中和开锁时应提供听觉或视觉的提示。

（7）防窃听功能。访客呼叫机和用户接收机建立通话后，其语音不应被系统中其他用户接收机窃听到。

（8）门开超时报警。当系统电控开锁控制的门体开启时间超过系统预设的时间时，应有报警提示信息。

（9）防拆。当访客呼叫机被人为移离安装表面时，应立即发出本地听觉报警提示。

管理机系统除了要符合基本功能要求外，还包括如下要求：

- 管理机应能选呼用户接收机，访客呼叫机和用户接收机应能呼叫管理机，多台管理机之间应能正确选呼。所有呼叫应有相应的呼叫和应答提示信号，提示信号可以是听觉信号或视觉信号。
- 管理机应具有与访客呼叫机、用户接收机对讲功能，多台管理机之间应具有对讲功能。
- 管理机应能控制访客呼叫机实施电控开锁。
- 具有可视功能的管理机应能显示访客呼叫机摄取的图像。
- 当管理机与访客呼叫机、用户接收机通话时，其语音不应被系统中其他用户接收机窃听到。
- 无线扩展终端。根据用户需要，用户接收机可外接无线扩展终端。无线扩展终端可具有报警接收功能，但不应具有报警控制管理功能和电控开锁功能。

6.3.2 扩展功能要求

楼寓对讲系统应该提供如下扩展功能：

（1）当访客呼叫机处于非安全状态（如门开超时、防拆开关触发等）且超过预设时间时，管理机具有报警提示信息功能。

（2）系统应具有发送图文信息到用户接收机的功能。

（3）管理机应具有记录访客呼叫通行事件的功能，该记录应至少包括时间、日期和事件内容，应具有权限管理功能。

6.3.3 报警控制和管理要求

对讲报警系统是具有报警控制和管理功能的系统，报警控制和管理功能要符合如下要求。

1. 用户接收机

1）设置警戒

具有报警功能的用户接收机，设置警戒功能应符合如下要求。

（1）报警控制器应有设置警戒和解除警戒的装置。它们可以是机械钥匙，也可以是遥控装置、密码键盘、读卡装置或其他装置。

- 机械钥匙的密钥量至少有 103 个组合；
- 键盘密码密钥量至少有 104 个组合；
- 遥控装置密钥量至少有 5 万个组合，遥控器发射频率、遥控距离等应在产品标准中示出，并应符合国家无线电管理的有关规定；
- 读卡装置密钥量至少有 226 个组合。

（2）密码应区分用户密码和编程密码，其用户密码应有不同的授权级别，只有编程密码可以设置和修改防盗报警控制器的配置参数。用户密码除可以进行设置警戒和解除警戒控制外，还允许操作相关的其他控制命令，但不能影响报警状态的判断和传输。编程密码还允许操作相关的其他控制命令，但不能影响报警状态的判断和传输，使用编程密码操作时应有维修信号传至远程监控站。

（3）防盗报警控制器应能使用授权装置或用户密码进行警戒设置，也可以用单一按键快速设置警戒。防盗报警控制器在设置警戒时（除使用遥控器或门锁钥匙外），应有退出延时，延时期间应给出指示，也可以从保护区外面用一个退出终结装置结束延时，退出延时应为 100 s 或可调（1～255 s）。如果设置警戒没有成功，应给出相应指示。

（4）设置警戒条件：

> 在报警条件下，不能设置警戒；
> 入侵探测回路不正常时，不能设置警戒。

2）解除警戒

报警控制器设置的警戒状态，只能用授权的装置或用户密码、有效卡等解除警戒，而不能用控制面板上的单一按键来解除警戒。

解除警戒前（除使用遥控器或门锁钥匙外），应有进入延时，延时期间应给出指示，进入延时应为 40 s 或可调（1～255 s）。

解除警戒条件：

（1）使用用户密码设置警戒时，只能使用用户密码解除警戒；当使用编程密码设置警戒时，使用用户密码和编程密码均能解除警戒。

（2）定时解除警戒。

（3）辅助控制设备的警戒或解除应受控于防盗报警控制器，不能用单一按键解除警戒。

用户接收机应向管理机实时发送设置警戒与解除警戒信息。

3）报警

报警控制器应能接收报警信号，产生报警。

（1）报警输入分类。

> 瞬时报警——接收到入侵探测器的报警信号后立即产生报警指示。
> 防拆报警——包括两个方面：一方面是报警控制器应有能接受探测器防拆报警信号的接口；另一方面是报警控制器及其辅助设备应有装在机壳盖里面的防拆探测装置，当打开探测器或防盗报警控制器机盖或防盗报警控制器被移离安装表面时，应不受防盗报警控制器所处状态和交流断电影响，提供 24 h 防拆报警。在解除警戒状态下，应能给出本地防拆报警指示；在设置警戒状态下，应能发出本地防拆报警指示。
> 防破坏报警——当与防盗报警控制器互连的报警探测回路发生断路、短路时，应立即发出报警。当报警探测回路为阻性，并接任何阻性负载时，应立即发出报警或不能破坏防盗报警控制器正常报警功能。
> 延时报警。
> 紧急报警。

（2）报警指示。

报警指示可以分为视觉指示（包括灯光和字符图形指示）和听觉指示。视觉和听觉报警指示可以是同时的，也可以是不同时的。

> 视觉报警指示。视觉报警指示应能指示入侵发生的部位，并应保持至手动复位才能消失。当某入侵探测回路视觉报警指示持续期间，再有其他入侵探测回路报警信号输入时，应能发出相应的视觉报警指示；当多个入侵报警探测回路同时报警时，不应漏掉任意一路报警指示。对入侵报警探测回路来说，每个探测回路可以用一个独立的视觉

指示器或公用一个字符图形指示器，其要求如下：所有的视觉指示器均应清晰地标明其指示含义，字迹或符号应清晰，视觉指示是灯光时应为红色；视觉指示应能在环境照度 100～500 lx 的条件下，在距离指示器 0.8 m 处分辨清楚。

➢ 听觉报警指示。听觉报警指示允许自动复位，持续时间固定或可调，固定持续时间不小于 5 min，可调最长持续时间应大于 20 min。当视觉报警指示持续期间，再有入侵报警信号输入时，应能重新发出听觉报警指示。

（3）报警声压。

当报警器安装在防盗报警控制器机内时，报警声压应不小于 80 dB；当报警器安装在机外时，报警声压应不小于 100 dB。

（4）报警输出。

报警控制器应有报警电压输出或输出接点，应在产品标准中注明其电压数值或接点容量。

（5）报警现场声响复核。

如果报警控制器具有报警现场声响复核功能，则应在报警发生后自动启动，报警复核确认后自动关闭，而不能在没有警情的情况下主动启动报警现场声响复核功能。发生报警时应向管理机发送报警信号。

4）安全性

用户接收机的绝缘电阻、抗电强度、过压运行、过流保护、泄漏电流应符合如下要求：

（1）绝缘电阻：报警控制器（如有电源开关，置"开"位置）电源（AC）引入端子与外壳裸露金属部件之间的绝缘电阻，在正常大气压条件下应不小于 100 MΩ，湿热条件下应不小于 10 MΩ。

（2）抗电强度：报警控制器（如有电源开关，置"开"位置）电源（AC）引入端子与外壳裸露金属部件之间应能承受 AC 50 Hz/1 500 V 的抗电强度试验，历时 1 min 应无击穿和飞弧现象。

（3）过压运行：报警控制器在电源（AC）过压条件下，应无误报警、漏报警而正常工作。

（4）过流保护：报警控制器应有过流保护措施。

➢ 在变压器初级所装的断路器或保险丝，其额定电流一般不应大于产品最大供电电流的 2 倍。应保证在严酷的非正常电路故障状态下，防盗报警控制器应无触电或燃烧的危险。

➢ 不要求区分极性的接线柱与相邻接线柱成对短路、反接或碰到电源端，均不应损坏设备，也不能使内部电路损坏。

➢ 对于要求区分极性的接线柱，应把极性标志标示在接线柱附近。

（5）泄漏电流：报警控制器泄漏电流应小于 5 mA（AC，峰值）。

2. 管理机

1）对具有报警功能的管理机的要求

（1）应有编程和联网功能。

（2）应具有发出视觉和听觉报警信号的功能。

（3）对于具有报警功能的各用户接收机所发送的报警、布防/撤防（含部分）、求助、故障、自检等信息，管理机应具有显示、存储的功能，以及打印、统计、查询和记录报警发生的地址、日期、时间、报警类型等各种信息的功能。

（4）应具有权限管理功能。

（5）应能储存最近 30 天的报警事件信息，在有效保存期内不能删改。

2）管理机应发出报警的两种情况

（1）在有线传输系统中，用户接收机、管理机和中间传输控制设备之间传输报警信息的线路发生断路、短路时；

（2）在公共网络传输报警信息的系统中，当网络传输线发生断路时。

3）报警指示

系统的报警指示可以分为视觉指示（包括灯光和字符图形指示）和听觉指示，视觉和听觉报警指示可以是同时的，也可以是不同时的。

视觉报警指示包含以下要求：视觉报警指示应能指示发生的部位，并应保持至手动复位才能消失；在探测回路视觉的报警指示持续期间，当再有其他探测回路报警信号输入时，应能发出相应的视觉报警指示；当多个入侵报警探测回路同时报警时，不应漏掉任意一路报警指示。

对报警探测回路来说，每个探测回路可以用一个独立的视觉指示器或共用一个字符图形指示器。其要求如下：

（1）所有的视觉指示器均应清晰地标明其指示含义，字迹或符号应清晰，视觉指示是灯光时应为红色。

（2）当有多路报警存在时，字符图形指示器应能自动滚动显示报警的探测回路及其警情属性，显示应能持续 30 s。

（3）字符图形指示器在输入密码时自动打开，定时自动关闭，背景光应能调节。

（4）视觉指示应能在环境照度为 100～500 lx 的条件下，在距离指示器 0.8 m 处分辨清楚。

听觉报警指示允许自动复位，持续时间固定或可调，固定持续时间不小于 5 min，可调最长持续时间应大于 20 min；听觉报警指示持续期间，当再有报警信号输入时，应能重新发出听觉报警指示。

当系统各组成部分产生听觉报警指示时，距报警器中心正前方 1 m 处的报警声压应不小于 80 dB(A)，故障和动作提示声压应不小于 60 dB(A)。

4）报警优先

（1）当有紧急报警和其他报警同时发生时，紧急报警信息应优先处理。

（2）当同时有多组（不少于 5 组）报警信息传送时，不应发生信息丢失的现象。

（3）在有线联网模式中，当传输线上的信号发生并发、短暂强干扰或者传输线发生短暂短路时，系统应能确保信号正确传输。

5）电源要求

（1）探测器供电：系统在向互连的探测器或辅助装置供电时，应能提供直流 12～15 V 工作电压。在满载条件下，电压纹波系数应小于 100。应在产品标准中规定出供电电流的额定值。

（2）电源电压适应性：

当使用一般主电源（AC），电源电压在额定值的 85%～110% 范围内变化时，或者使用开关电源，电源电压在 100～250 V 范围内变化时，系统应不必调整就能正常工作。主电源容量应保证在此范围内设置警戒满载条件下连续工作 24 h。

当备用电源（DC）电压降低到企业标准中给出的欠压告警电压值时，应产生欠压告警指示，工作应正常，不应出现误报警或漏报警；当备用电源电压降低到企业标准中给出的保护电压值时，应启动备用电池保护功能。

6）电源转换

电源应能在主电源（AC）和备用电源（DC）之间切换：当主电源断电时，能自动转换到备用电源供电；当主电源恢复时，又能自动转换到主电源供电，并对备用电源自动充电。电源转换时，报警系统工作应正常，不应出现误报警。

7）充电电源要求

主电源（AC）应具有足够大的功率，能够在满载设置警戒条件下，连续 8 h 是制造商推荐的备用电池充电，最长充电时间为 24 h。

6.4　对讲系统的性能要求

6.4.1　音频特性

1. 全程响度评定值（OLR）

在 200～4 000 Hz 范围内的全程响度评定值应满足下列要求：

（1）访客呼叫机端：20 dB±5 dB；

（2）采用免提通话方式的用户接收机、管理机端：23 dB±5 dB；

（3）采用手柄通话方式的用户接收机、管理机端：15 dB±5 dB。

2. 全程灵敏度/频率特性

在 500～3 400 Hz 范围内的典型曲线及允许误差范围应满足下列要求：

访客呼叫机、采用免提通话方式的用户接收机或管理机端，其典型曲线如图 6-6 中虚线所示，允许误差范围如图 6-6 中实线所示。

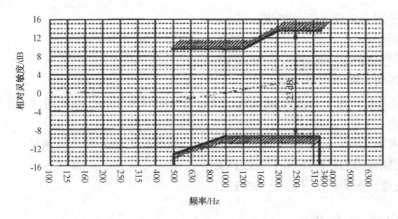

图 6-6　全程灵敏度/频率特性模板（免提端）

采用手柄通话方式的用户接收机和管理机端，其典型曲线如图 6-7 所示中的虚线所示，允许误差范围如图 6-7 中实线所示。

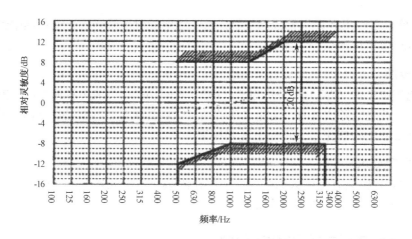

图 6-7　全程灵敏度/频率特性模板（手柄端）

3. 音频延时

系统端对端的音频延时应不大于 300 ms。

4. 空闲信道噪声

空闲信号噪声应满足下列要求：

（1）访客呼叫机端、采用免提通话方式的用户接收机或管理机端，应不大于 45 dB(A)。

（2）采用手柄通话方式的用户接收机或管理机端，应不大于 48 dB(A)。

5. 振铃声压

振铃声压应不小于 73 dB(A)，且不大于 106 dB(A)。

6.4.2　视频特性

（1）图像分辨力应满足下列要求：

➢ 黑白图像分辨力：应不小于 250 TVL；

➢ 彩色图像分辨力：应不小于 220 TVL。

（2）灰度等级：应不小于 8 级。

（3）色彩还原性：对于彩色可视系统，显示图像的颜色与被拍摄物对比，在同等色温环境下应无明显偏色。

（4）低照度适应性。在环境照度为 0.5 lx 时，系统的图像分辨力应满足：

➢ 黑白图像分辨力：应不小于 250 TVL；

➢ 彩色图像分辨力：应不小于 220 TVL。

6.4.4　电气安全性

1. 抗电强度

系统各组成设备的电源插头或电源引入端与外壳裸露金属部件之间，应能承受表 6-2 中规定的抗电强度试验，历时 1 min 应无击穿和飞弧现象。

表 6-2 抗电强度（GB 16796—2009）

额定电压 U_i/V		试验电压
直流或正弦有效值	交流峰值或合成电压	
0～60	0～80	0.5 kV
61～125	86～175	1 kV
126～250	176～354	1.5 kV
251～500	355～707	2 kV
≥501	≥708	$2U_i+n$ kV（n 为正整数）

试验方法：受试设备在相对湿度为 91%～95%、温度为 40℃ 的 48 h 受潮预处理后，立即从潮湿箱中取出，在电源插头不插入电源、电源开关接通的情况下，在电源插头或电源引入端与外壳或外壳裸露金属部件之间以 200 V/min 的速率逐渐施加试验电压，测试设备的最大输出电流不小于 5 mA，在规定值上保持 1 min，不应出现飞弧和击穿现象，然后平稳地下降到零。如外壳无导电性，则在设备的外壳包一层金属导体，在金属导体与电源引入端之间施加试验电压应符合上述要求。

采用开关电源工作的设备，其抗电强度用如下方法进行试验：

（1）对于不接地的可触及部件应假定与接地端子或保护接地端子相连接；

（2）对于变压器绕组或其他零部件是否接地的情况，则应假定该变压器或其他零部件与保护接地端子相连，以获得最高工作电压；

（3）对于变压器的一个绕组与其他零部件间的绝缘，应采用该绕组任一点与其他零部件之间的最高电压。

2. 绝缘电阻泄漏电流

系统各组成设备的电源插头或电源引入端与外壳裸露金属部件之间的绝缘电阻，在湿热条件下应不小于 5 MΩ。

交流供电的系统各组成设备，泄漏电流应不大于 5 mA（AC，峰值）。

3. 故障条件下的防护

在易于导致系统损坏的故障条件下，系统各组成部分均不应引起燃烧，也不应使设备内部电路损坏。系统应保证用户的安全，但允许损失部分功能。用户接收机发生任何故障时，均不应影响其他用户接收机的工作。

6.4.5 电磁抗扰度要求

系统应能承受以下电磁干扰的影响：

（1）电源电压暂降和短时中断；

（2）静电放电；

（3）射频电磁场辐射；

（4）射频场感应的传导骚扰；

（5）电快速瞬变脉冲群；

（6）浪涌（冲击）。

6.4.6 标志

系统设备应有清晰、永久的标志。标志应至少包括以下内容：

（1）制造商名称；

（2）产品名称和型号；

（3）序列号或批号；

（4）手动控制装置、接线端子附近应有清晰的用途标识。

如果无法在产品本体上标识上述内容，则应在使用说明书中给出。

6.5 楼寓对讲系统接线

6.5.1 可视对讲系统接线

1. 单楼口可视对讲系统

单楼口可视对讲系统接线如图6-8所示。

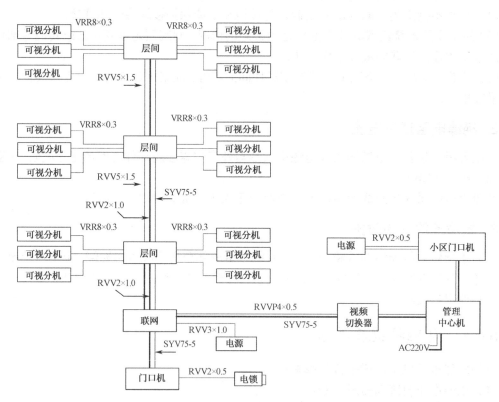

图6-8 单楼口可视对讲系统接线

2. 小区多楼口可视对讲系统

小区多楼口可视对讲系统接线如图6-9所示。

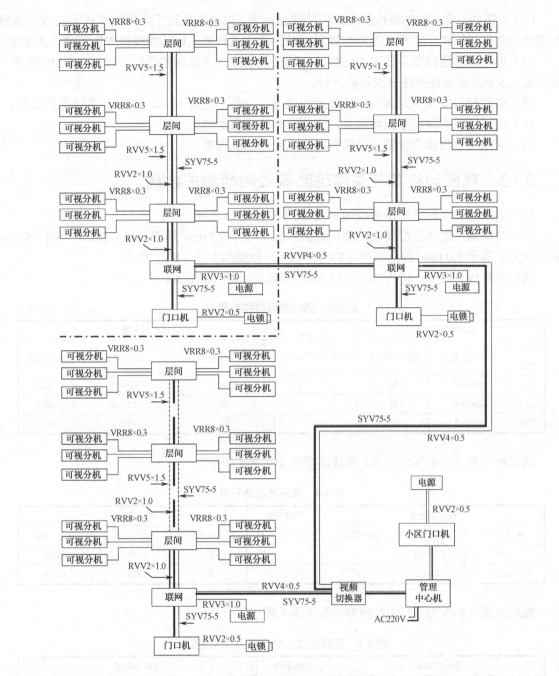

图 6-9　小区多楼口对讲系统接线

3. 工程接线注意事项

楼寓对讲系统布线时应注意以下问题：

（1）布线所用线材均应选用有双层胶皮、达到市电所要求的绝缘强度的多股铜芯线，并达到规定的线径，所布的线路均应走暗线或线槽。（特别注意：220 V 交流电源线一定要用三芯线，并接入总地线，接线要牢固。）

（2）布线时，视频线、信号线不能与 220 V 交流电源线并行走线，以免造成线间干扰。

（3）主干线、支干线的接线头应采用接线盒处理，以免线头过于集中而造成无法放入线槽内或因毛刺引起短路；接线头用螺丝锁紧或以焊接方式处理，保证接线处牢固可靠、无毛刺。

（4）进电锁的连接线必须采用达到一定线径的软线（多股铜芯线），且与门口机的距离一般不超过 5 m，以保证系统每次都能开锁。

（5）电源箱应安装在距离门口机最近的地方，一般不超过 10 m，以保证系统正常工作。

（6）电焊时，为保证不损坏设备，必须把整个系统断电。

（7）导线颜色与插头线颜色仅供参考，以现场情况为准。

6.5.2 联网切换器与层间适配器之间的水平接线

联网切换器与层间适配器接线图如图 6-10 和图 6-11 所示。

联网切换器至层间适配器之间使用截面积大于等于 0.5 mm^2 的四芯屏蔽线（RVVP4×0.5）、截面积大于等于 1.0 mm^2 的两芯线（RVV2×1.0）和视频电缆（SYV75-5）。

四芯屏蔽线（型号：RVVP4×0.5）的接线要求如表 6-3 所示。

表 6-3 四芯屏蔽线接线要求

联网切换器			导线颜色	层间适配器		
电气名称	接线位置	插头线颜色	（RVVP4×0.5）	插头线颜色	接线位置	电气名称
TX	CN10-5	绿		绿	CN9-5	TX
GFS	CN10-6	黑		黑	CN9-6	GFS
GJS	CN10-7	棕		棕	CN9-7	GJS

两芯线（型号：RVV2×1.0）的接线要求如表 6-4 所示。

表 6-4 两芯线接线要求

联网切换器			导线颜色	层间适配器		
电气名称	接线位置	插头线颜色	（RVV2×1.0）	插头线颜色	接线位置	电气名称
+18V	CN10-1	红		红	CN9-1	+18V
GND	CN10-2	紫		紫	CN9-2	GND

视频电缆（SYV75-5）的接线要求如表 6-5 所示。

表 6-5 视频电缆（SYV75-5）接线要求

联网切换器			导线颜色	层间适配器		
电气名称	接线位置	插头线颜色	（SYV75-5）	插头线颜色	接线位置	电气名称
VIDEO	CN8-2	黄	同轴芯线	黄	CN19-2	VIDEO
GND	CN8-1	黑	同轴屏蔽层	黑	CN19-1	GND

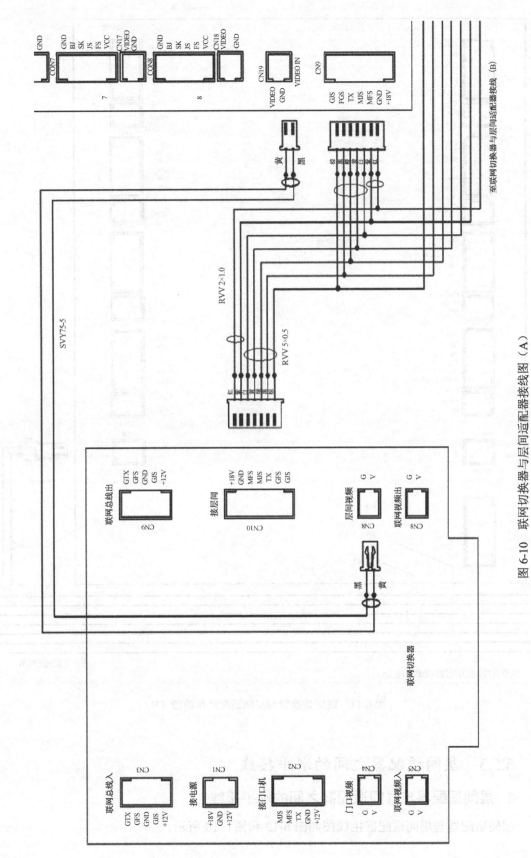

图 6-10 联网切换器与层间适配器接线图 (A)

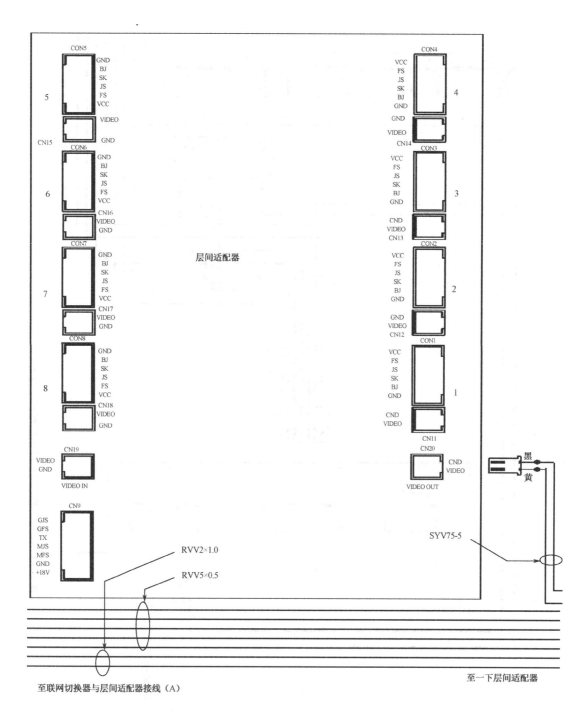

图 6-11　联网切换器与层间适配器接线图（B）

6.5.3　层间适配器之间的水平接线

1. 层间适配器与层间适配器之间的水平接线

层间适配器与层间适配器接线图如图 6-12 和图 6-13 所示。

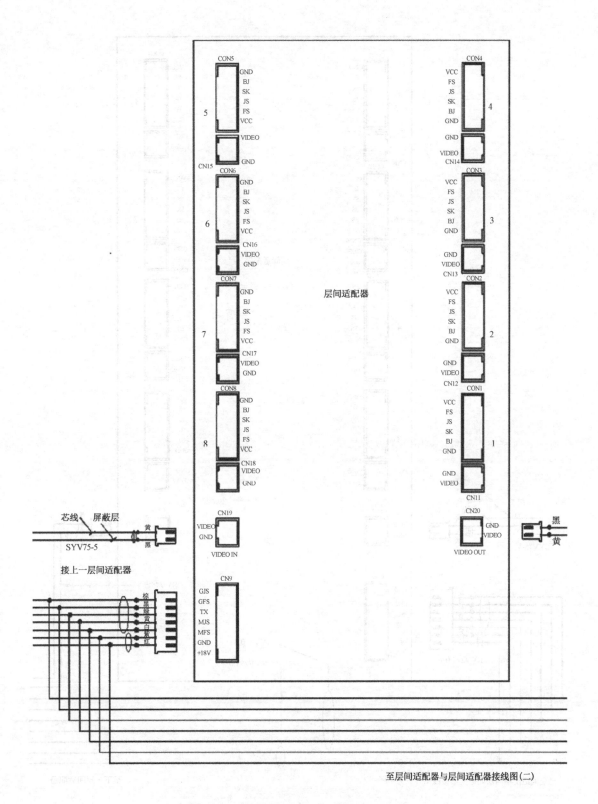

图 6-12 层间适配器与层间适配器接线图（一）

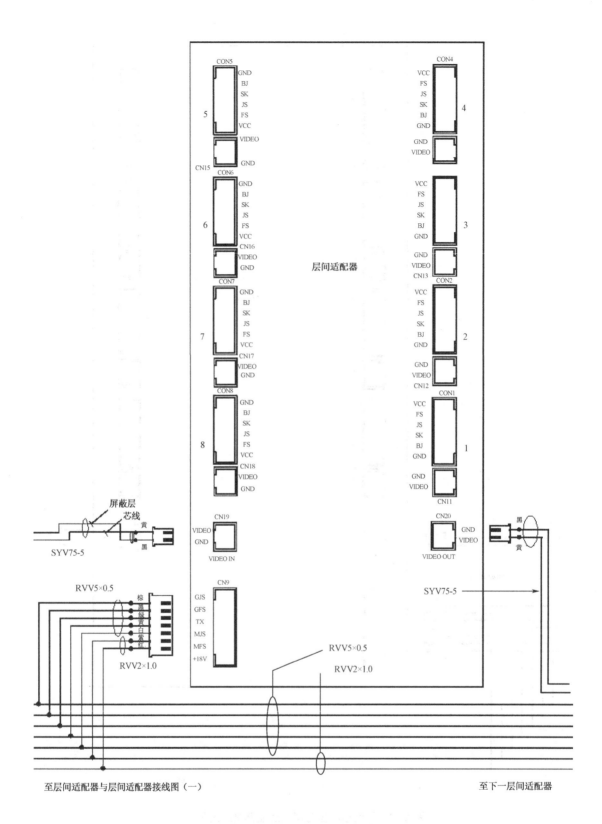

图 6-13　层间适配器与层间适配器接线图（二）

2. 层间适配器之间布线电缆要求

层间适配器至层间适配器之间的布线电缆，采用截面积大于等于 $0.5\ mm^2$ 的四芯屏蔽线（RVVP4×0.5）、截面积大于等于 $1.0\ mm^2$ 的两芯线（RVV2×1.0）和视频电缆（SYV75-5）各一束。

四芯屏蔽线（型号：RVVP4×0.5）的接线要求如表 6-6 所示。

表 6-6　四芯屏蔽线（RVVP4×0.5）接线要求

前一级层间适配器			导线颜色	后一级层间适配器		
电气名称	接线位置	插头线颜色	（RVVP4×0.5）	插头线颜色	接线位置	电气名称
MFS	CN9-3	白	空	白	CN9-3	MFS
MJS	CN9-4	黄	空	黄	CN9-4	MJS
TX	CN9-5	绿		绿	CN9-5	TX
GFS	CN9-6	黑		黑	CN9-6	GFS
GJS	CN9-7	棕		棕	CN9-7	GJS

两芯线（型号：RVV2×1.0）的接线要求如表 6-7 所示。

表 6-7　两芯线（RVV2×1.0）接线要求

前一级层间适配器			导线颜色	后一级层间适配器		
电气名称	接线位置	插头线颜色	（RVV2×1.0）	插头线颜色	接线位置	电气名称
+18V	CN9-1	红	红	红	CN9-1	+18V
GND	CN9-2	紫	屏蔽层	紫	CN9-2	GND

视频电缆（型号：SYV 75-5）的接线要求如表 6-8 所示。

表 6-8　视频电缆（SYV 75-5）接线要求

前一级层间适配器			导线颜色	后一级层间适配器		
电气名称	接线位置	插头线颜色	（SYV75-5）	插头线颜色	接线位置	电气名称
VIDEO	CN20-2	黄	同轴芯线	黄	CN19-2	VIDEO
GND	CN20-1	黑	同轴屏蔽层	黑	CN19-1	GND

6.5.4　层间适配器、小门口机、室内分机之间的接线

小门口机又称门前机，安装在室内分机之前，一般用于联网别墅系统。层间适配器、小门口机、室内分机之间的接线如图 6-14 所示。

6.5.5　智能视频切换器接线

1. 联网切换器与智能视频切换器之间的接线

联网切换器与智能视频切换器接线图如图 6-15 所示。

注意：联网切换器数据线和视频线接除 CN91、CN92 之外的任意一路。

联网切换器至智能视频切换器之间的接线，使用截面积大于等于 $0.5\ mm^2$ 的四芯屏蔽线（RVVP4×0.5）和视频电缆（SYV75-5）。

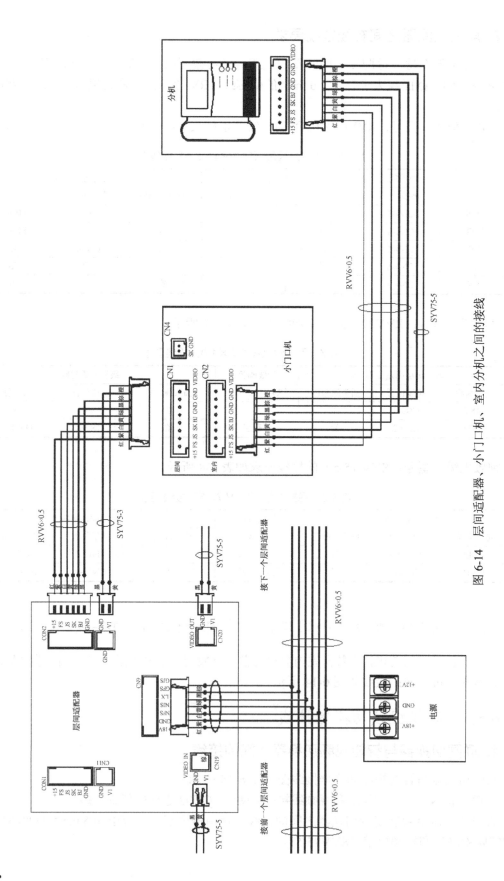

图 6-14 层间适配器、小门口机、室内分机之间的接线

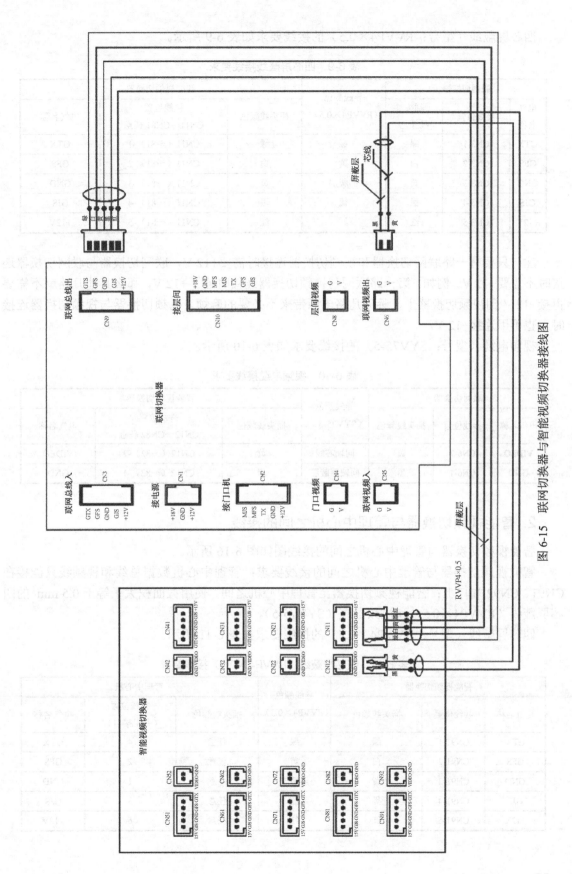

图 6-15 联网切换器与智能视频切换器接线图

四芯屏蔽线（型号：RVVP4×0.5）的接线要求如表6-9所示。

表6-9　四芯屏蔽线接线要求

联网切换器			导线颜色（RVVP4×0.5）	智能视频切换器		
电气名称	接线位置	插头线颜色		插头线颜色	接线位置CN11～CN81任意	电气名称
GTX	CN3-1	绿	绿	绿	CN11（～81）-1	GTX
GFS	CN3-2	白	黄	白	CN11（～81）-2	GFS
GND	CN3-3	黄	屏蔽层	黄	CN11（～81）-3	GND
GJS	CN3-4	黑	蓝	黑	CN11（～81）-4	GJS
+12V	CN3-5	红	红	红	CN11（～81）-5	+12V

注：只要有一路联网切换器和视频切换器连接时需要+12 V，联网切换器与联网切换器连接时不需要+12 V。例如，第一路联网与视频切换器连接时连了+12 V，那么其他几路就不需要再接+12 V到视频切换器上，避免几路电源带来不必要的麻烦。视频切换器与视频切换器连接时，也不用连接+12 V。

视频电缆（型号：SYV75-5）的接线要求如表6-10所示。

表6-10　视频电缆接线要求

联网切换器			导线颜色（SYV75-5）	智能视频切换器		
电气名称	接线位置	插头线颜色		插头线颜色	接线位置CN12～CN82任意	电气名称
VIDEO	CN6-2	黄	同轴芯线	黄	CN12（～82）-2	VIDEO
GND	CN6-1	黑	同轴屏蔽层	黑	CN12（～82）-1	GND

2. 智能视频切换器与管理中心机之间的接线

智能视频切换器与管理中心机之间的接线图如图6-16所示。

智能视频切换器与管理中心机之间的接线要求：管理中心机数据总线和视频线只能接在CN91、CN92端口上；智能视频切换器至管理中心机之间，使用截面积大于等于 $0.5 \, mm^2$ 的四芯屏蔽线（RVVP4×0.5）和视频电缆（SYV75-5）。

四芯屏蔽线（型号：RVVP4×0.5）的接线要求如表6-11所示。

表6-11　四芯屏蔽线（RVVP4×0.5）接线要求

智能视频切换器			导线颜色（RVVP4×0.5）	管理中心机		
电气名称	接线位置	插头线颜色		插头线颜色	接线位置（专用接口）	电气名称
GTX	CN91-1	绿	绿	任意	4	GTX
GFS	CN91-2	白	黄	任意	2	GFS
GND	CN91-3	黄	屏蔽层	任意	1	GND
GJS	CN91-4	黑	蓝	任意	3	GJS
+12V	CN91-5	红	红	任意	6	+12V

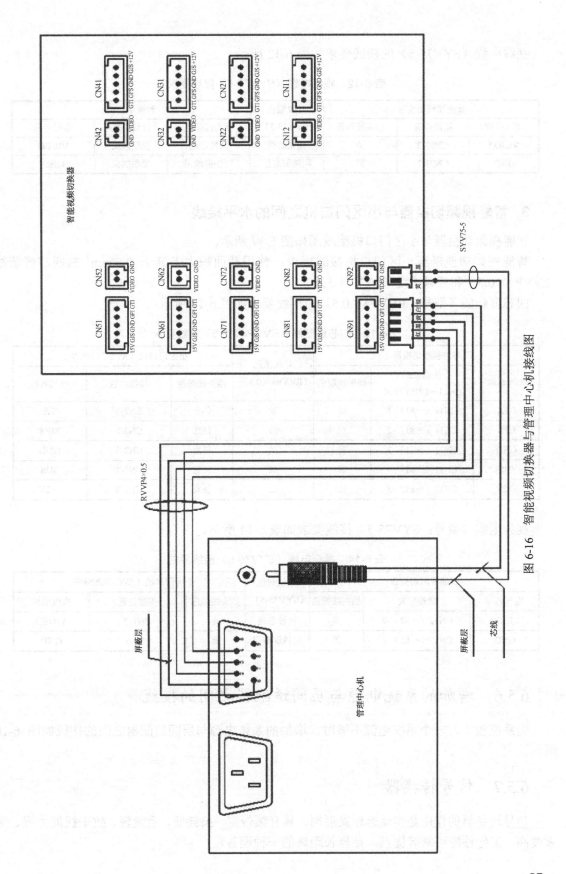

图 6-16 智能视频切换器与管理中心机接线图

视频电缆（SYV75-5）的接线要求如表 6-12 所示。

表 6-12　视频电缆（SYV75-5）接线要求

智能视频切换器			导线颜色	管理中心机		
电气名称	接线位置	插头线颜色	（SYV75-5）	插头线颜色	接线位置	电气名称
VIDEO	CN92-2	黄	同轴芯线	同轴芯线	视频插头	VIDEO
GND	CN92-1	黑	同轴屏蔽层	同轴屏蔽层	视频插头	GND

3. 智能视频切换器与小区门口机之间的水平接线

智能视频切换器与小区门口机接线图如图 6-17 所示。

智能视频切换器至小区门口机接线要求：使用截面积大于等于 0.5 mm^2 的四芯屏蔽线（RVVP4×0.5）和视频电缆（SYV75-5）。

四芯屏蔽线（型号：RVVP4×0.5）的接线要求如表 6-13 所示。

表 6-13　四芯屏蔽线（RVVP4×0.5）接线要求

智能视频切换器			导线颜色	小区门口机（AVC-2829MW）		
电气名称	接线位置 CN11～CN81 任意	插头线颜色	（RVVP4×0.5）	插头线颜色	接线位置	电气名称
GTX	CN11（～81）-1	绿	黄	任意	CN2-3	TX
GFS	CN11（～81）-2	白	白	任意	CN2-2	MFS
GND	CN11（～81）-3	黄	黑	任意	CN2-4	GND
GJS	CN11（～81）-4	黑	绿	任意	CN2-1	MJS
+12V	CN11（～81）-5	红	红	任意	CN2-5	+12V

视频电缆（型号：SYV75-5）接线要求如表 6-14 所示。

表 6-14　视频电缆（SYV75-5）接线要求

智能视频切换器			导线颜色	小区门口机（AVC-2829MW）		
电气名称	接线位置	插头线颜色	（SYV75-5）	插头线颜色	接线位置	电气名称
VIDEO	CN12（～82）-2	黄	同轴芯线	黄	CN1-2	VIDEO
GND	CN12（～82）-1	黑	同轴屏蔽层	黑	CN1-1	GND

6.5.6　增加的系统电源与层间适配器之间的接线

当系统较大，一个系统电源不够时，增加的系统电源与层间适配器之间的接线如图 6-18 所示。

6.5.7　信号转换器

信号转换器的作用是实现远距离联网，具有频带宽、损耗低、重量轻、抗干扰能力强、保真度高、工作性能可靠等优点，是延长距离的一种设备。

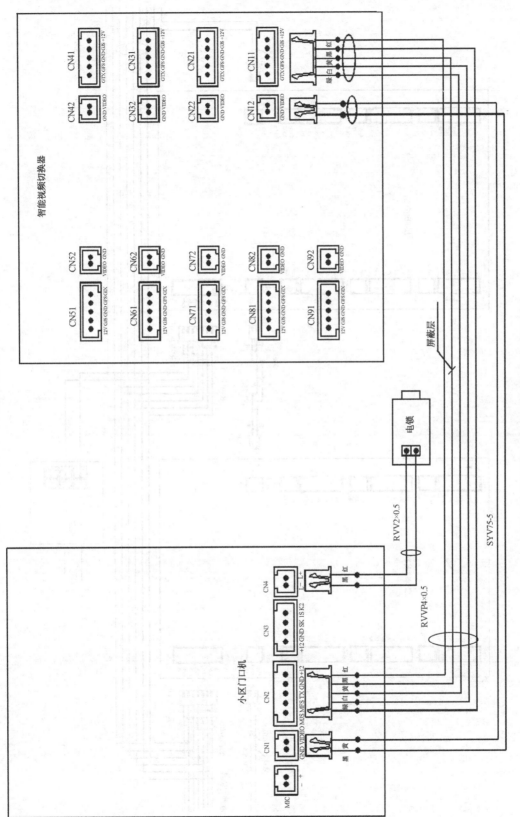

图 6-17　智能视频切换器与小区门口机接线图

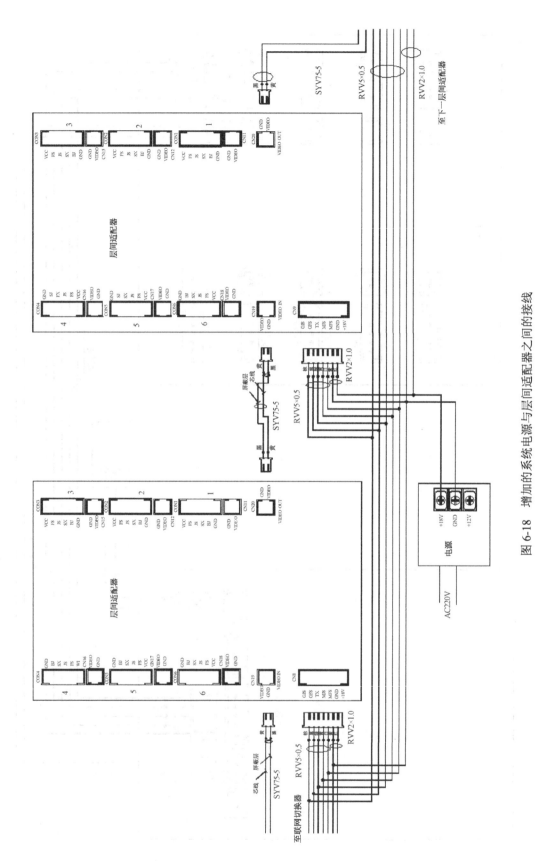

图 6-18 增加的系统电源与层间适配器之间的接线

1. AVC-2836 光电信号转换器的接线端子

AVC-2836 光电信号转换器线路板外观及接线端子如图 6-19 所示。

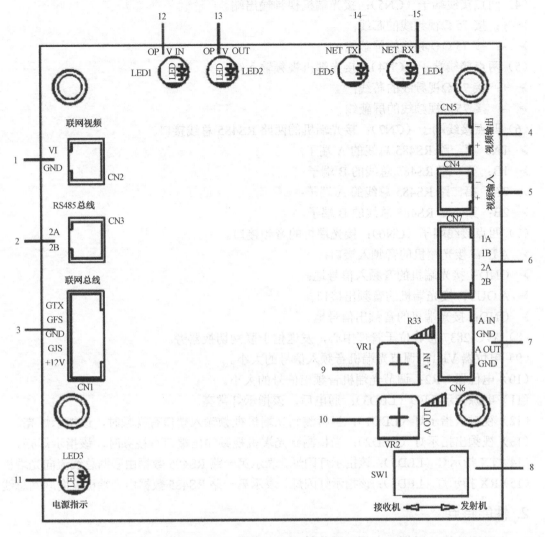

图 6-19 AVC-2836 光电信号转换器线路板外观及接线端子

（1）两点接线端子（CN2）：联网视频输入端，接联网切换器的联网视频出端。

➤ VI：接 75 Ω视频线的芯线；

➤ GND：接 75 Ω视频线的屏蔽线。

（2）两点接线端子（CN3）：RS485 门禁联网总线入。

➤ 2A：RS485 总线的 A 端子；

➤ 2B：RS485 总线的 B 端子。

（3）五点接线端子（CN1）：联网总线入，连接联网切换器的联网总线出端。

➤ GTX：联网通信线输入；

➤ GFS：管理机声音发送线；

➤ GND：联网地线；

➤ GJS：管理机声音接收线；

> +12V：电源进线（本机的电源由此线供应，因此联网切换器的 JP1、JP2 必须插上短路帽）。

（4）两点接线端子（CN5）：接光端机视频输出端。

> +：接 75 Ω视频线的芯线；
> −：接 75 Ω视频线的屏蔽线。

（5）两点接线端子（CN4）：接光端机视频输入端。

> +：接 75 Ω视频线的芯线；
> −：接 75 Ω视频线的屏蔽线。

（6）四点接线端子（CN7）：接光端机的两路 RS485 总线接口。

> 1A：第一路 RS485 总线的 A 端子；
> 1B：第一路 RS485 总线的 B 端子；
> 2A：第二路 RS485 总线的 A 端子；
> 2B：第二路 RS485 总线的 B 端子。

（7）四点接线端子（CN6）：接光端机的音频接口。

> A IN：接光端机的音频入接口；
> GND：接光端机的音频入信号地；
> A OUT：接光端机的音频出接口；
> GND：接光端机的音频出信号地。

（8）AVC-2837 接收位于管理中心，发送位于联网切换器旁。

（9）电位器 VR1：调节光端机音频入信号的大小。

（10）电位器 VR2：调节光端机音频出信号的大小。

（11）电源指示 LED（LED3）：通电后，该指示灯常亮。

（12）视频入指示灯（LED1）：当检测到光端机视频输入端口有视频时，该指示灯亮。

（13）视频出指示灯（LED2）：当检测到光端机视频输出端口有视频时，该指示灯亮。

（14）TX 指示灯（LED5）：该指示灯闪烁，表示第一路 RS485 数据由联网总线流向光端机。

（15）RX 指示灯（LED4）：该指示灯闪烁，表示第一路 RS485 数据由光端机流向联网总线。

2. 性能特点

> 将联网总线的视频、音频、通信等信号转换为光端机可以接收的信号。
> 光端机接口的要求：一路双向视频接口（一个视频输入口，一个视频输出口），一路双向音频（一个音频输入口，一个音频输出口），两路双向 RS485 接口。

6.6 数字对讲系统常用设备

对讲系统主要由主机、分机、电源、电控锁和闭门器等组成，根据类型可分为直按式、数码式、数码式户户通、直按式可视对讲、数码式可视对讲、数码式户户通可视对讲等。

6.6.1 主机

主机是楼寓对讲系统的控制核心部分，每一户分机的传输信号以及电锁控制信号等都通过主机的控制，它的电路板采用减振安装，并进行防潮处理，抗振防潮能力极强，并带有夜间照明装置，外形美观、大方。常用的主机有非可视主机、数字主机和联网主机等。

1. 主机外观及按键功能

联网主机（以 Forsafe 赋安 726 系列主机为例）前视图和后面视图分别如图 6-20 和图 6-21 所示。

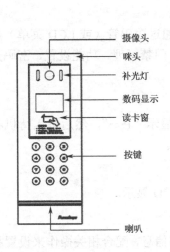

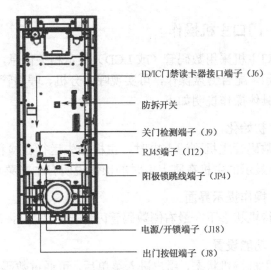

图 6-20　联网主机前视图　　　　　　图 6-21　联网主机后视图

2. 主机接线端子

电源与开锁端子（5P 端子：J18）接线如表 6-15 所示。

表 6-15　电源与开锁端子接线

序号 \ 类别	颜色	含　义	连接位置
1	红	电源（17～30 V）	接电源正极
2	蓝	负 GND	接电源负极
3	黄	开锁 1+LOCK1	接阴极锁（如电控锁）
4	黑	地 GND	公共接地
5	白	开锁 2+LOCK2	接阳极锁（如磁力锁或电插锁），开锁电流小于 450 mA

信号输出端子（RJ45 端子：J12）接线如表 6-16 所示。

表 6-16　信号输出端子接线

线序	1	2	3	4	5	6	7	8
颜色	橙白	橙	绿白	绿	蓝白	蓝	棕白	棕
定义	V-	V+	D-	GND	A	D+	NC	NC
围墙机 连接位置 1	当配片区选择器使用时，此端子接到片区选择器对应的端子接口；当不使用配片区选择器使用时，此端子接到管理机五类线转换器输入接口							
门口机 连接位置 1	当配联网器使用时，此端子接到联网器对应的门口机接口；当不配联网器使用时，此端子接到解码器或数据视频分配器的级联输入接口							

出门按钮端子（J8）接线如表 6-17 所示，关门检测端子（J9）接线如表 6-18 所示。

表 6-17　出门按钮端子接线	
红（Out Door）	黑（GND）
短接端子两脚可开锁	

表 6-18　关门检测端子接线	
红(Close Door)	黑（GND）
开路为关门状态，短路为开门状态	

3. 门口主机操作

门口主机采用数码管（或 LCD）显示相关信息，用户通过数码管（或 LCD 菜单）显示的信息提示，配合键盘操作，可实现呼叫分机、呼叫管理机、门禁管理、功能设置、密码开锁等功能。具体操作说明如下：

1）初始化

当数码管主机刚通上电时，主机会先运行自检程序，显示"P---"，然后进入待机状态。带 LCD 显示的主机在刚上电时的操作说明有中文菜单提示。

2）操作提示界面

在待机状态下，最右侧数码管闪烁显示"-"，或由 LCD 显示。

3）功能设置

在主机待机状态，用户进入菜单后，可通过数码显示的信息，配合相关操作来设置相关功能。在待机状态下输入"0001"，听到一声长响后再输入管理员密码，则可以进入管理员设置。待机状态下输入"0002"，听到一声长响后再输入系统密码，则可以进入系统设置。

（1）管理员菜单结构：如图 6-22 所示。

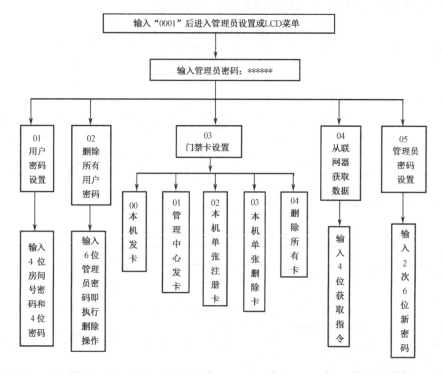

图 6-22　管理员菜单结构

（2）系统设备菜单结构：如图 6-23 所示。

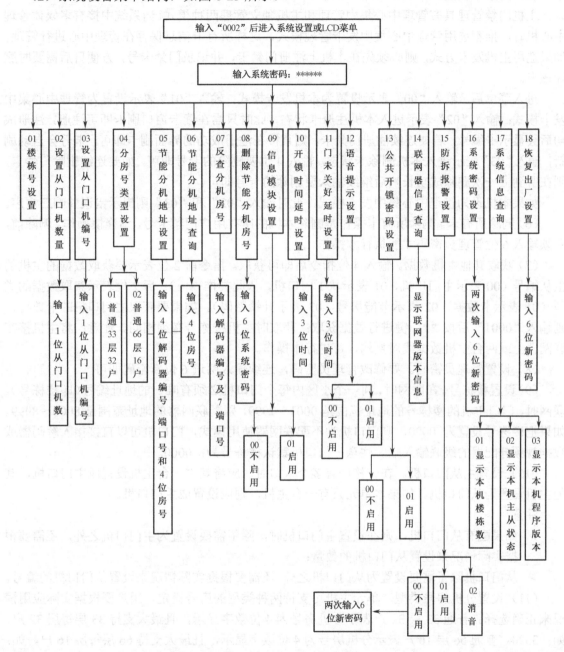

图 6-23　系统设备菜单结构

（3）用户密码设置。每位用户可以设定一个 4 位数字的用户开锁密码；为保证用户密码安全，系统要求用户在初次使用时必须向管理员申请一个开锁密码。设置开锁密码时进入"管理员设置·用户密码设置"菜单后，先输入 4 位房号，紧接着输入 4 位密码；如果用户忘记开锁密码，管理员只需进入此菜单直接修改用户所需的开锁密码即可。

（4）删除所有用户密码。操作此功能时，可删除所有用户密码，使用时请慎重操作。删除前需输入 6 位管理员密码。

（5）门禁卡设置。

主机门禁管理具有管理中心集中管理和主机独立管理两种模式。当系统中接有多媒体管理中心机时，推荐选用管理中心集中发卡管理模式，这样所有卡信息保存在管理中心进行管理；如果选用主机发卡方式，则必须先在本机上注册门禁卡，并记录门禁卡号，方便日后需要时删除该卡。

进入菜单后，输入"00"表示设置为本机发卡模式；输入"01"表示设置为管理中心集中发卡模式；输入"02"表示进入本机注册卡状态，此时只需在读卡窗口刷卡即可注册，注册成功后会显示卡编号，若要连续注册门禁卡，则直接在注册成功的界面刷卡即可，卡号会自动刷新；输入"03"表示进入本机删除卡状态，输入4位要删除的卡号即可，如要连续删除门禁卡，则在听到上一次删除成功长响后继续输入要删除的卡号即可。

如果本机设为管理中心集中发卡模式，此时输入"02"和"03"则提示错误并响三短声。

（6）删除所有卡。删除所有卡操作是删除本机的所有用户门禁卡号，请谨慎操作。删除前，必须输入6位管理员密码才能执行本操作。

（7）获取其他主机数据。输入4位指令后即可获取。指令前2位表示要获取数据的主机的主从编号（00表示主门口机，01表示从1门口机，依此类推……）；后2位表示获取数据的类型（01表示卡数据，02表示节能房号，03表示开锁密码）。如果要获取主门口机的卡数据，则输入"0001"后按"*"键进行数据获取；获取时主机楼栋号必须相同。注意：将主机接在联网器上或两台主机数据线对接均，可进行本操作。

（8）设置管理员密码。要修改管理员密码，连续输入两遍6位新密码即可。

（9）设置楼栋号。在联网时，同一个小区内每个门口机必须有唯一的地址编号（即楼栋号）。联网时，门口主机的楼栋号的地址范围是0001～7999，别墅联网器的地址范围是8000～8999。如果把楼栋号设置为0000，则门口机为不配联网器使用模式，门口机可以直接接入解码器或数据视频分配器的级联输入端。注意：门口机默认楼栋号为：0000。

（10）设置主从门口机。在一栋楼有多个入口时，应将其中一台主机设置成主门口机，其他主机设置为从门口机。如果本单元只有一台主机，则应设置成主门口机。

注意：

➢ 如果配有从门口机，则在设置主门口机时，除了需要设置为主门口机之外，还需要根据实际情况来设置从门口机的数量；

➢ 从门口机除了需要设置为从门口机之外，还需要根据实际情况来设置从门口机的编号。

（11）设置分机房号类型。单元主机可支持两种类型的房号设定，用户要根据实际应用情况来正确选择。普通33层32户表示分机房号为4位数字显示，且最大支持33层每层32户，如：3320。普通66层16户表示分机房号为4位数字显示，且最大支持66层每层16户，如：6616。

（12）设置节能分机房号地址。在系统安装节能分机时，需配套安装解码器（一个解码器最多可接8台节能分机），解码器的8个输出端口的房号由主机设置。（注意：房号设置要参考"分机房号类型设置"中的说明进行相应设置，且一栋楼不能有相同的房号。）在实际施工中，分机设置的房号必须和实际房号相符。解码器的地址从001开始，依次为002、003、004…直到最后。最多可接250台解码器、2000个住户。

注意：只有通过主机设置了房号地址的节能分机，主机才能呼通该分机。

根据菜单提示进入"节能分机地址设置"后，先输入4位解码器编号及端口号（前面3

位表示解码器编号,最后 1 位表示解码器端口号),再输入 4 位房号,共 8 位。如果在 1 号解码器输入 1 端口设置房号 0101,则连续输入"00110101"即可。依此类推,设定整个单元的分机房号。

当每层楼住户少于 8 户时,可按照前面设置房号的方法和步骤设置每个分机的房号。当每层多于 8 户时,需增加解码器数量,获取相同的解码器地址,输入实际房号。例如:当每层楼只有 4 个住户时,一个解码器可管辖两层(如一楼和二楼)住户分机。此时,只需把解 001 解码器的端口 1~端口 4 的房号分别设置为 0101、0102、0103 和 0104,把接端口 5~端口 8 的房号分别设置为 0201、0202、0203 和 0204,具体的分类如表 6-19 所示。

表 6-19　设置一个解码器管辖两层楼的房间号

序号	楼层	解码器	端口号	房间号	序号	楼层	解码器	端口号	房间号
1	1	001	端口 1	0101	17	2	003	端口 1	0201
2			端口 2	0102	18			端口 2	0202
3			端口 3	0103	19			端口 3	0203
4			端口 4	0104	20			端口 4	0204
5			端口 5	0105	21			端口 5	0205
6			端口 6	0106	22			端口 6	0206
7			端口 7	0107	23			端口 7	0207
8			端口 8	0108	24			端口 8	0208
9	2	002	端口 1	0109	25	2	4	端口 1	0209
10			端口 2	0110	26			端口 2	0210
11			端口 3	0111	27			端口 3	0211
12			端口 4	0112	28			端口 4	0212
13			端口 5	0113	29			端口 5	0213
14			端口 6	0114	30			端口 6	0214
15			端口 7	0115	31			端口 7	0215
16			端口 8	0116	32			端口 8	0216

(13)查询节能分机地址。此选项一般给工程安装调试人员使用,输入 4 位房号即可查询到节能分机房号所对应的解码器地址及端口号。前 3 位表示解码器编号,后 1 位表示解码器的端口号。

(14)删除节能分机房号。操作此选项将删除本机所有的节能分机房号,删除的房号不可恢复,请谨慎操作。如果误删房号,可按步骤重新设置。执行操作前必须先输入一次系统密码。

(15)设置信息模块。当门口主机配信息模块时,门口主机上需要启用此设置,并根据分机房号类型正确配置信息模块才能正常工作。

➤ 60 层 16 户类型:表示信息模块最大支持分机房号为 60 层,每层 16 户;

➤ 30 层 32 户类型:表示信息模块最大支持分机房号为 30 层每层 32 户;

➤ 别墅类型:表示信息模块支持别墅分机房号为 0001~0899。

(16)设置开锁延时。出厂时默认开锁延时时间(即电控锁开锁延时时间)为 1 s。如果用户需求更改延时时间,可直接输入 3 位所需的开锁时间,该延时时间可在 1~899 s 之间任意设置。

（17）设置门未关延时。在关门检测端子上接一个开关，使门未关时，该开关被触发；当持续触发时间超过系统设置的时间时，本机就会向管理机发出报警信息。该延时时间可在 1～8 995 s 之间任意设置。

（18）设置语音提示。可以设置开启或关闭语音提示。

（19）设置公共开锁密码。本机的公共开锁密码修改可在菜单中完成。使用公共开锁密码时，只需在主界面按两下"*"键即可进入相关界面进行设置。

（20）查询联网器信息。如果配有联网器，可查询到联网器版本信息；如果没有配联网器，查询时就会提示错误，同时响三短声提示错误。

（21）设置防拆报警。当开启此设置时，只要防拆报警开关被触发，本机就会向管理机发出报警信息，且本机会响起报警提示音 6 min，以增强系统设备的安全性。如果只停止报警音但仍然保持启用防拆报警状态，则选择消音。

（22）设置系统密码。此设置可以修改系统密码。

（23）查询系统信息。当用户进入此选项后，可查看本门口机的一些相关信息。

（24）设置恢复到出厂默认值。该操作可以恢复各设置选项为出厂默认值，设置并清空相关节能分机房号、门禁卡数据、用户开锁密码等所有数据，请谨慎澡作，防止误删除数据。执行此操作前需要输入系统密码。

（25）设置呼叫分机。输入 4 位（如：0101）或 3 位（如：101）分机房号，主机自动呼叫相应房号的分机，当分机摘机后即可对讲。注意：主机能自动识别 4 位和 3 位房号；当输入 3 位房号 3 s 无操作时，主机会自动呼叫输入的 3 位房号。

（26）呼叫管理机。按管理处键"🔔"或输入"0000"时即可呼叫管理机，管理机摘机后即可对讲。

（27）密码开锁。在静态界面按一下"*"键，接着输入 4 位房号（如：0101），再输入 4 位的开锁密码即可打开门锁。

（28）门禁卡开锁。将已经注册的门禁卡放置在读卡窗约 30 mm 以内即可打开门锁。

（29）出门开锁功能。在出门按钮端子上接一个按键开关，当用户想开锁出门时，只需按动此开关，即可打开门锁。

（30）干预呼叫。当门口主机处于干预状态后（这项设置由管理员完成），来访者呼叫用户会被转到管理处。此时，管理处可为来访者转呼某一住户，也可开启对应的门锁。

注意：

➢ 管理员和公共开锁初始密码为"123456"。

➢ 呼叫用户时主机能自动识别 4 位和 3 位房号，在进行其他设置时必须输入 4 位房号，如设置节能分机房号、设置用户开锁密码等。

➢ 在菜单中进行设置或操作时，输入完指令或操作成功后都有长响一声的提示，操作失败则响三短声。

6.6.2　分机

分机是一种对讲话机，一般是与主机进行对讲；但现在的户户通楼寓对讲系统则与主机配合成一套内部电话系统，可以完成系统内用户的电话联系，使用更加方便，它分为可视分机和非可视分机。分机具有电锁控制功能和监视功能，一般安装在用户家里的门口处，主要方便住户与来访者对讲交谈。这里主要以联网分机为例进行介绍。

1. 联网分机外观

网络分机的外观如图 6-24 和图 6-25 所示。

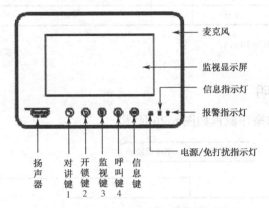

图 6-24　联网分机前视图

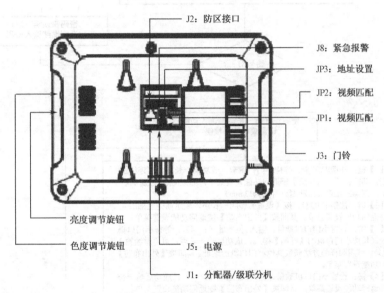

图 6-25　联网分机后视图

2. 分机接线端子

分配器/级联分机接线端子如表 6-20 所示。

表 6-20　分配器/级联分机接线端子

线序	1	2	3	4	5	6	7	8
颜色	橙白	橙	绿白	绿	蓝白	蓝	棕白	棕
功能	V-	V+	D-	GND	A	D+	NCC	NC
	视频-	视频+	数据-	地	音频	数据+	电源	地

防区接口端子如表 6-21 所示。

表 6-21　防区接口端子

线序	1	2	3	4	5	6	7	8	9	10	11	12
颜色	红	蓝	黄	黑	白	恢	绿	棕	橙	红	蓝	黄
功能	红外	门磁	烟感	瓦斯	地	自定义防区 5-8				12V	紧急报警	
防区极性	深闭		常开		—	常闭					—	

注：10 脚防区电源最大输出为 10 mA。

3. 功能及操作说明

联网分机功能菜单的操作流程如图 6-26 所示。

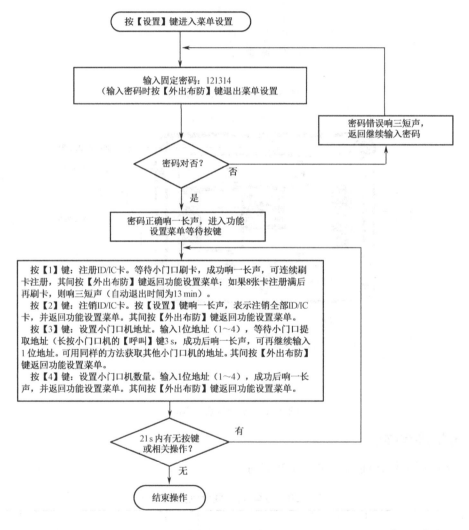

图 6-26　联网分机功能菜单的操作流程

说明：

（1）在一台分机上设置免打扰或小门口机数量时，同房号的分机也相应地被设置。

（2）注册 ID/IC 卡和设置小门口机地址时，超时时间为 3 min，在设置期间按【外出布防】

键，超时时间为 20 s，再次按【外出布防】键退出。另外，设置小门口机地址成功后，超时时间变为 20 s。

（3）在进入功能设置菜单后，不管在何种情况下，连续按两次【外出布防】键退出功能菜单设置。

（4）在进入功能设置菜单后，报警音、延时报警音暂停。

1）按键功能

该分机有 8 个功能按键，分别为【呼叫】键、【开锁】键、【监视】键、【信息】键、【对讲】键、【外出布防】键、【居家布防】键和【设置】键，其中前 5 个功能键与数字复用，复用的目的主要用于密码设置和功能菜单设置。

（1）按键复用：密码为 0～6 位，面板上功能键和数字键复用，具体为：复用数字 1，复用数字 2，复用数字 3 和复用数字 4。用户可以采用上述任意 4 个数字键组合成 0～6 位密码。

（2）恢复密码：按【设置】键不放上电（保持 3 s 以上），听到长响一声，用户密码恢复为 111111。

（3）防区设置：长按【外出布防】键 3 s，外出布防模式（1～8 防区全部布防）；长按【居家布防】键 3 s，居家布防模式（3 防区和 4 防区布防，其他防区撤防）。撤防设置模式（即全部撤防）：长按【设置】键 3 s+输入用户密码（0 至 6 位数）+【设置】键。

注意：只有一种布防模式下，在居家布防的条件下（但没有报警），可再设置外出布防模式。在外出布防的条件下，一定先撤防后，才能再设置居家布防模式。撤防后或没有布防的条件下，可以设置任何一种布防模式。

（4）更改用户密码：按【设置】键 3 s 后，输入原用户密码（0～6 位数），按【居家布防】键后，再输入新密码（0～6 位数），再按【居家布防按】键，密码更改成功后响一长声，否则响三短声。

（5）设置和弦音乐/叮咚音乐：分机配置为和弦音时，按【设置】键后，按【居家布防】键循环播放和弦音乐（和弦曲目总共 11 首）。按【外出布防】键循环播放当前和弦音乐的音量（和弦音乐量总共 8 挡），再按【设置】键确定，设置成功后响一长声并保存退出或 20 s 后自动退出。分机配置为叮咚音乐时，先按【设置】键后，按【外出布防】键或按【居家布防】键循环播放，叮咚音量（叮咚音量总共 3 挡），再按【设置】键确定，设置成功后响一长声并保存退出或 20 s 后自动退出。

（6）设置免打扰：长按【对讲】键 5 s 启用免打扰功能，再次长按【对讲】键 5 s 取消免打扰功能。

（7）电源指示灯（与免打扰指示灯复用）：待机状态下，当系统启用免打扰功能时，电源指示灯慢闪，当系统不启用免打扰功能时，电源指示灯常亮；当振铃（或对讲）时，电源指示灯快闪。

（8）消音。当有报警音时，按下【监视】键 3 s 以上，停止报警声音。

2）对讲功能

（1）接受呼叫。当外部（单元门口主机或从门口机、二次确认门口机、管理机、围墙机、同房号分机）有人呼叫本机时，本机会发出悦耳的音乐声，同时通过图像显示屏可看到对方图像（管理机呼叫时无图像显示）。此时，可按【对讲】键与对方通话，当确认对方身份后，按【开锁】键打开相应的门锁（除管理机、同房号分机外，其他主机都可以开锁），本机延时 5 s

后自动退出通话状态。通话中按【对讲】键可挂机（通话时间为 60 s）。通话时间到，本机返回待机状态。非主动挂机时，长响一声。

（2）分机呼叫管理机。按下【呼叫】键时，管理机应答后，本机会发出悦耳的音乐声（30 s），管理机摘机后便可通话。如果在 30 s 内管理处未摘机，本机自动返回到待机状态。管理处忙时响"滴滴滴"三短声退出，回到待机状态。再按【呼叫】键取消呼叫操作。非主动挂机时，长响一声。

（3）分机呼叫同分机。本机最多可带 3 台同分机，实现同房号内分机与分机间的通话。在待机状态下按【开锁】键后，本机会发出悦耳的音乐声（30 s），同分机摘机后便可通话，电源指示本分机正在使用中。如果在 30 s 内同分机未摘机，本机自动返回到待机状态。在呼叫中再次按下【开锁】键可取消呼叫操作。非主动挂机时，长响一声。

（4）监视门口机或监视小门口机。按下【监视】键可监视主门口机周围的情况，在监视的同时可与门口机对讲。当此时门口有人来访时，如要与来访者通话，可按【对讲】键时间为 30 s（再次按【对讲】键可退出监视操作）。确认对方身份后，可按【开锁】键打开门锁，再次按下【监视】键可取消监视操作。当系统连接有从门口机时，在监视状态下，间隔按【呼叫】键循环监视主门口机和从门口机。如果 1 s 内连续两次按下【监视】键为监视二次确认门口机，同样间隔按【呼叫】键可循环监视其余的不同地址二次确认机，再次按【监视】键退出。非主动挂机时，长响一声。如遇忙，本机响"滴滴滴"三短声退出。

（5）注册/注销二次确认门口机 ID/IC 卡。进入 ID/IC 卡设置界面注册注消 ID/IC 卡，在二次确认门口机上刷卡，记录好卡号以便日后注销。本机最多可注册 8 张 ID/IC 卡。（出厂前需将 ID/IC 卡全部注消，以免占用存储空间。）

（6）开锁（"开锁键"复用）。

➢ 当门口机、围墙机或二次确认机呼叫本机或本机监视门口机或二次确认机时，按开锁键可打开相应的大门电锁；

➢ 待机时，呼叫同房号分机键，实现同房号内分机与分机间的互相通话。

（7）简易门铃功能。当按下外接的门铃按钮时，本机会响起和弦音乐声，6 s 后停止，提示住户家门口有人呼叫。

（8）信息查阅。当本机收到新信息后，面板上信息指示灯点亮。无新信息和查询完新息后，指示灯灭。用户可通过按下本机【信息】键来进入信查看界面，分机显示屏会出现"用户信息"或"公共信息"两项信息类型选择菜单，然后通过【开锁】键来选择需要查看的信息，【呼叫】键来确认选择。任何时刻按下【信息】键可退出信息查阅状态，信息查询时间为 30 s 自动退出。

（9）占线说明。占线时，当有按键进行呼叫、监视或提取信息等操作时，有占线提示音（响三短声）。

（10）防区报警和紧急报警。本机共 8 个防区，防区 3 和防区 4 为常开状态（即短路报警），其他防区为常闭状态（即开路报警）。防区报警采用电平边沿检测，当检测到有电平变化时，报警才会发生。将防区 3 和防区 4 的控制线断开，再与地短路 1 s 以上，或其他防区报警的控制线与地短路改为断开（开路）1 s 以上，或将紧急报警的两根控制线短路，模拟警情，管理机应发出报警声，同时管理机液晶屏上显示相应的报警房号、时间等信息。管理机按【确认】键可解除报警。

仅防区 1 和防区 2 具有防区固定延时 45 s 功能，防区延时功能的作用具体为：布防后 45 s

之内触防不报警，在布防 45 s 过后再次触防延时 45 s 之后才上报警情。

防区指示灯说明：布防延时时慢速闪亮，进入布防状态后常亮，有防区预警时中速闪亮，有防区报警时快速闪亮，撤防后熄灭。

注意：防区报警后，如果不消音，在 5 min 过后，自动停止报警音（自动停止报警音以最后报警的时间为准计算 5 min 后，停止报警音）；如果继续有报警，则会继续响报警音。如果报警音期间有对讲、提取信息、菜单操作则会停止报警音，之后（5 min 未到），则又会继续响报警音。

（11）视频调试。在对讲或监视状态下，调节亮度或对比度电位器，显示屏的图像亮度或对比度应有相应的变化，图像应层次清晰，无干扰。调试完成后需将亮度和对比度电位器调整到图像最佳位置。

（12）设置房号地址。插上房号地址设置 J15 短路环重新上电，门口机（围墙机或管理机）呼叫需要设置房号的分机，分机地址设置成功，响一长声，进入呼叫对讲状态，之后如果要重新设置本分机房号，需要拔掉该短路环再插上，再进行呼叫即可。房号地址设置成功后，可正常工作，如果一直没设置成功，分机要过 15 min 才可以正常工作，期间分机功能受限。

注意：如果上电前，没插房号设置短路环，上电后分机正常工作；房号设置完成后，需要把短路环断开，分机才能正常工作。

6.6.3　电源

电源的主要功能是保持楼寓对讲系统不掉电。正常情况下，处于充电状态。当停电的时候，UPS 电源就处于给系统供电的状态。现在楼寓对讲系统，电源厂家一般不配 UPS 电池，主要是可视系统耗电太大，一般的小容量 UPS 电池保证不了使用时间。

6.6.4　管理机

管理机的主要功能是管理中心呼叫用户分机、呼叫单元主机、管理开锁，以及接受用户分机和单元主机的呼叫。

1. 管理机的按键功能

管理机（以 Forsafe 赋安 AFN-8A18M 为例）前视图和后视图分别如图 6-27 和图 6-28 所示，其中标示了各按键及其功能说明。

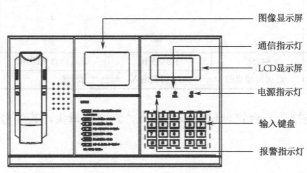

图 6-27　管理机前视图

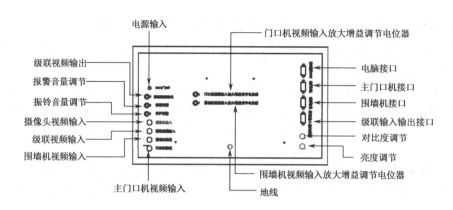

图 6-28　管理机后视图

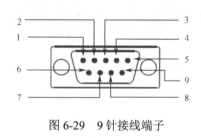

图 6-29　9 针接线端子

2. 接线端子说明

（1）电脑接口：空脚。

（2）主门口机端口接口：连接门口机的 MAIN OUT，为 9 针接线端子，如图 6-29 所示，其中各针含义和功能如表 6-22 所示。

表 6-22　9 针接线端子的含义和功能

序　号 （9 针母头）	5	4	3	2
配线颜色	红	蓝	黄	黑
端子含义	RS485(A)	RS485(B)	音频信息 AUDIO	音频地 A/GND
连接位置 1	连接门口机的 MAIN OUT 级联输出，颜色对应相接			
连接位置 2	连接片区选择器的主信号输出，颜色对应相接			

（3）围墙机接口：连接围墙机的 MAIN OUT 接口，为 9 针母头，其序号、含义和连接位置如表 6-23 所示。

表 6-23　连接围墙机 9 针母头的序号、含义和连接位置

序　号 （9 针母头）	5	4	3	2
配线颜色	红	蓝	黄	黑
端子含义	RS485(A)	RS485(B)	音频信息 AUDIO	音频地 A/GND
连接位置	连接围墙机的 MAIN OUT 级联输入，颜色对应相接			

（4）级联输入：连接上一台管理机的级联输入，为 9 针母头，其序号、含义和连接位置如表 6-24 所示。

表 6-24　连接上一台管理机 9 针母头的序号、含义和连接位置

序　号 （9 针母头）	5	4	3	2
配线颜色	红	蓝	黄	黑
端子含义	RS485(A)	RS485(B)	音频信息 AUDIO	音频地 A/GND
连接位置	连接上一台管理机的级联输入，颜色对应相接			

（5）级联输出：连接下一台管理机的级联输入，为 9 针母头，其序号、含义和连接位置如表 6-25 所示。

表 6-25　连接下一台管理机 9 针母头的序号、含义和连接位置

序　号 （9 针母头）	5	4	3	2
配线颜色	红	蓝	黄	黑
端子含义	RS485(A)	RS485(B)	音频信息 AUDIO	音频地 A/GND
连接位置	连接下一台管理机的级联输入，颜色对应相接			

（6）电源输入：DC18-30V 电源输入，为管理机提供工作电源。

3. 功能说明

AFN-8A18M 系列管理机采用 LCD 中文显示，可呼叫分机，呼叫其他管理机，监视门口机和围墙机，接收用户紧急报警及最多 8 个防区的报警信号。具体操作如下：

1）键盘说明

在此系统当中，"*"键为确认键，"#"键为取消键：需要进入下一级菜单，请按"*"键；返回上一级菜单，请按"#"键。"D"键为上翻键（上查键），"H"键为下翻键（下查键）。在待机状态下，按"*"键或"D"键、"H"键，都可以进入功能设置。

2）呼叫分机

先摘话筒，再输入楼栋号+分机号，然后按 A 键呼叫。

3）呼叫其他管理机

先摘话筒，再输入 4 位的管理机号码（总管理机 0000，O1 片区主管理机 0100，O1 片区 02 号从管理机 0102），最后按 A 键呼叫。

4）监视

（1）监视门口机。

方法一：先输入 4 或 5 位的门口机号，再按"B"键；

方法二：先按"B"键，再输入 4 位或 5 位的门口机号，最后按"*"键确认。

（2）监视围墙机。

方法一：先输入 4 位的围墙机号，再按"B"键；

方法二：先按"B"键，再输入 4 位的围墙机号，最后按"*"键确认。

5）开锁

（1）对单元门口机开锁。

方法一：先输入 4 位或 5 位的门口机号，再按"C"键；

方法二：先按"C"键，再输入 4 位或 5 位的门口机号，最后按"*"键确认。

（2）对围墙机开锁。

方法一：先输入 4 位围墙机号，再按"C"键；

方法二：先按"C"键，再输入 4 位围墙机号，最后按"*"键确认.

6）干预

（1）干预门口机。

方法一：先输入 4 位或 5 位的门口机号，再按"F"键；

方法二：先按"F"键，再输入 4 位或 5 位的门口机号，最后按"*"键确认。

（2）干预围墙机

方法一：先输入 4 位围墙机号，再按"F"键；

方法二：先按"F"键，再输入 4 位围墙机号，最后按"*"键确认。

7）取消干预

（1）取消门口机干预。

方法一：先输入 4 位或 5 位的门口机号，再按"G"键；

方法二：先按"G"键，再输入 4 位或 5 位的门口机号，最后按"*"键确认。

（2）取消围墙机干预。

方法一：先输入 4 位围墙机号，再按"F"键；

方法二：先按"F"键，再输入 4 位围墙机号，最后按"*"键确认。

8）校时

调节屏幕上的时间，输入需要调节的时间，最后按"*"键即可。按"D"键可以移动设置的位置。

9）注册

如果使用时间期限已到，该系统会提示使用者需要进行注册，只需要进入注册界面，输入正确的注册码就可以完成注册。

10）铃声选择

管理机有 26 首和弦音乐铃声可供选择。进入"铃声设置"菜单后，可根据个人爱好通过上下键进行铃声选择。

11）设置管理机

管理机设置的密码为 880808，此密码不可更改。由于系统设置会影响系统的正常运行，为使系统稳定运行，请管理员妥善保管密码。

（1）如果需要把该管理机设置为单片区主管理机，主要进入"单片区管理机"，选中"主管理机"即可。注意：单片区管理机的片区号默认为 01 片区。

（2）如果需要把该管理机设置为单片区 02 号从管理机，只要进入"单片区管理机"，选中"02 号从管理机"即可。

（3）删除所有报警信息的密码为：123456。

管理机安装完毕后，必须进行正确的设置才能正常使用。

单片区（只有一台管理机或多台管理机串联连接）联网时，所有管理机必须设置为单片区管理机。当只有一台管理机时，应设置为单片区主管理机。当有多台管理机时，将其中一台设置为单片区主管理机，其他管理机设为单片区从管理机。

单片区主管理机的级联输入一定要悬空。各门口机、围墙机只能与单片区主管理机相连。"单片区从管理机"的级联输入与其他管理机的级联输出连接，最终形成管理机间的串联结构，管理机间实行主从管理。

当门口机或围墙机呼叫管理机时，若有片区从管理机存在，片区主管理机和片区从管理机同时响铃，在管理机没有摘机之前，只有片区主管理机有图像，片区从管理机是没有图像的。摘机后，只有摘机者才有图像，也就是说如果是片区主管理机摘机，则片区主管理机有图像，如果是片区从管理机成功摘机，则该管理机则有图像。

当分机呼叫管理机时，片区主管理机和片区从管理机同时响铃，摘机后，只有成功摘机者才可以和分机通话。

12）系统查询

查询管理机是主管理机还是从管理机。

13）其他设置

主要是厂家进行一些参数设置，该功能不提供给用户使用。

14）报警查询

查询用户报警信息，以及对报警信息的处理。按"*"键、上翻或下翻键进入报警查询界面，按"*"键可以进入下一级菜单，按"#"键退出当前操作，按"D、H"键可以进行菜单的上下翻操作。如果有警情没有得到处理，则报警灯一直闪烁，以提示管理员，还有警情还没有处理。报警记录一共为 600 条，第 1 条为最新的报警数据，序号越大表示报警的时间越早。

注意：

（1）在同一片区内部，片区从管理机数量最多只能有 3 台。

（2）单元门口主机和围墙机一定需要接在片区的主管理机上，而不能接在片区的从管理机上，否则片区从管理机可能没有图像和声音。

（3）当同一系统既有 AFN-8A18M 又有 AFN-8A19M 时，必须将其中的一台 AFN-8A19M 管理机设置为"片区主管理机"。

4. 管理机菜单说明

管理机菜单结构如图 6-30 所示。

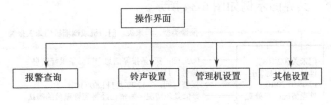

图 6-30　管理机菜单结构

1）报警查询

报警查询的菜单结构如图 6-31 所示。

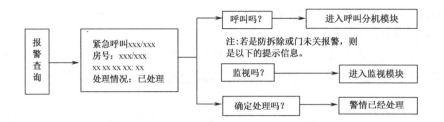

图 6-31　报警查询的菜单结构

2）报警界面示例

（1）紧急呼叫，其界面示例如图 6-32 所示。

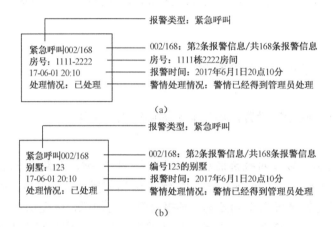

（a）

（b）

图 6-32　紧急呼叫界面示例

（2）防拆除报警，其界面示例如图 6-33 所示。

图 6-33　防拆除报警界面示例

（3）门未关报警，其界面示例如图 6-34 所示。

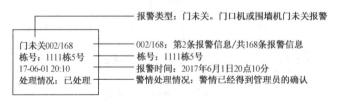

图 6-34　门未关报警界面示例

3）管理机设置菜单（如图 6-35 所示）

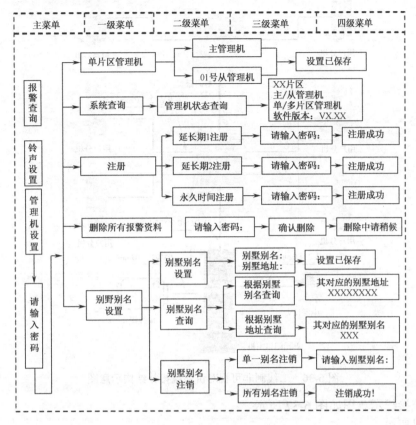

图 6-35　管理机设置菜单

6.7　实训：安装二线制非可视对讲系统

【实训目的】

（1）了解二线制非可视对讲系统的主要设备；
（2）学会安装非可视对讲系统主机、解码器、分机；
（3）根据拓扑图完成非可视对讲系统的安装。

【实训设备、材料】

（1）非可视对讲门口机 1 台、解码器 2 台、室内分机 6 台。
（2）螺丝刀。
（3）线缆：

➢ RVV3×1.5 mm²；
➢ RVVR2×0.2 mm²；
➢ RVVR2×1.0 mm²。

【拓扑和布线】

（1）系统拓扑结构示意图如图 6-36 所示。

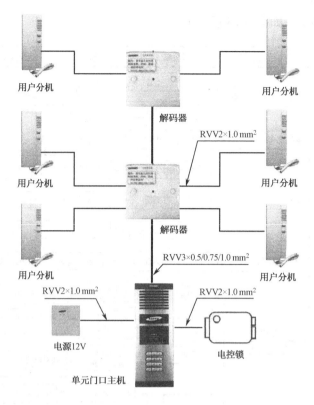

图 6-36　二线制非可视对讲系统拓扑结构示意图

（2）系统接线示意图如图 6-37 所示。

（3）线材要求：

➢ 系统主线使用 RVV3×0.5 mm² 线缆；

➢ 用户分机与解码器之间使用 RVV2×1.0 mm² 线缆；

➢ 电源、电控锁线缆采用 RVV2×1.0 mm² 的二芯线。

（4）布线要求：

➢ 对讲系统的工程用线在布线时要考虑远离干扰源，如电力线、电话线、有线电视、卫星天线、互联网以及其他干扰源。常用防干扰的方法是将系统用线放在有可靠接地（接入大地至少 3 m）的铁线槽或铁管内。注意：系统用线不可与动力回路、其他信号回路等的导线放在同一线槽内。

➢ 系统穿线的工程要求：线管的内径一般为工程用线外径的 1.8～2 倍，同一线管的弯头最多不超过 2 个。

➢ 系统接线规范：线头一般剥 6～7 mm 长的线皮即可，不可剥得过短造成接触不良，也不能剥得过长造成短路导致设备损坏，影响系统的正常工作。剥皮后的线头要先拧紧为一股，然后插入接线柱的接线孔内并拧紧螺丝。不用的线要做好绝缘处理，防止与外壳或其他导线短路。

➢ 安装设备时必须根据安装图纸要求进行安装。固定要做到坚固、可靠、平整。安装位置应避免高温、高湿。不可与强电设备同处安装，至少要相距 2 m 以上。

➢ 室外门口机采用嵌入式安装或明装，位置要选在来访者容易找到和操作方便的地方，应该避免阳光直时和雨雪直淋（必要时可加防护罩）。

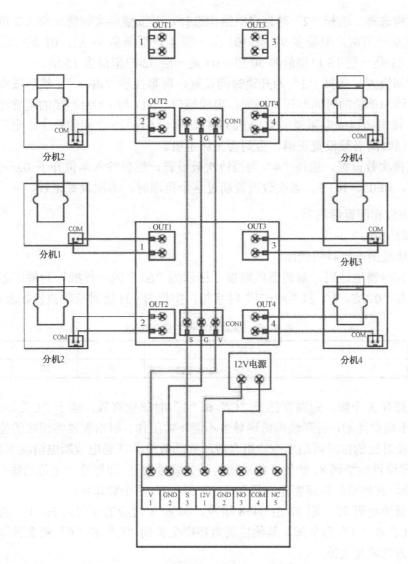

图6-37 二线制非可视对讲系统接线示意图

【实训步骤】

步骤1：安装和设置门口主机。

（1）根据门口机的底壳尺寸在铁门上挖一个长方形的孔。

（2）将门口机的底壳固定在铁门上。

（3）设置门机的单元号。

（4）连接导线。依照产品说明书的要求连线，注意分清极性及接线的顺序，不可接反。

（5）用随门口机配备的螺丝将门口机固定在底壳上。

（6）设置用户密码。用户在呼通自己的分机后，久按分机"开锁"键3 s以上，主机会嘟的一声响并显示"一"此时用户可在主机上直接输入4位密码，主机会自动保存。

（7）主机设置。静态时，先按下"C"键再按下"0"键，然后一起放开，屏幕显示"AAAA"输入设置密码"5186"后，屏幕显示"一"，等待用数字键选择功能：

➤ 管理密码设置。选择"1"时设置管理员密码，输入4位管理密码即可。

➢ 户型结构选择。选择"2"时为户型结构选择，再按楼层实际情况输入 2 位户型代号即可：00 是一层两户型最多 99 层，01 是一层 4 户型最多 99 层，01 是一层 8 户型最多 60 层，03 是一层 16 户型最多 30 层，04 是一层 32 户型最多 15 层。

➢ 开锁时间设置。选择"3"为开锁时间设置，屏幕显示"dE••"，然后按实际要求输入两位以秒为单位的时间即可。例如：电锁端口（NO 与 COM）接的是普通电控锁则设为 00；接电插锁或电磁锁（NC 与 COM），则设 01～25 之间的数字。出厂默认设置为 00。开锁时间必须设置正确，否则会损坏主机。

➢ 主机振铃次数设置。选择"4"为振铃次数设置，然后输入两位介于 02～10 之间的数字即可，如 05、10 等。当次数设置超过这个范围时，本次设置无效。

步骤 2： 安装和配置解码器。

（1）固定解码器。

（2）依据接线图连接解码线路。

（3）设置解码器地址码。解码器线路板上标示为"S1"的一排插针为解码器地址码设置插针，边上标有"0、C、1"和"A…H"等字符，字母 B～H 所对应的数值如表 6-26 所示。

表 6-26　解码器字母对应的数值

插针编号	B	C	D	E	F	G	H
对应数值	1	2	4	8	16	32	64

每一个位都有 3 个脚，短路帽插于"C"和"1"时该位有效，插于"C"和"0"时该位无效，但不能不插短路帽，否则编码错误导致不能正常工作。根据需要将相应的位设置为有效即可，没有直接对应的位时可用多个位组合成所要的数值。在通电或断电情况下都可以设置。

例如：需要设置地址码 8，数值 8 相对应的开关编号为 E，即把这一个位的短路帽插到"C"和"1"两个脚，其他位的短路帽全部插到"C"和"0"两个脚即可。

再如：设置地址码 72，则 72 由 64+8 组成，64 和 8 对应的字母为 H、E，将这两个位的短路帽插到"C"和"1"两个脚，其他位的短路帽全插到"C"和"0"两个脚即可。其他地址编码的设置方法依此类推。

（4）配置解码器。解码器可以根据不同的情况灵活配置，但要与主机的户型结构模式相匹配。

➢ 当户型结构为一层两户型时，采用两层共用一个解码器的方式来实现，即 1、2 层共用一个解码器，3、4 层共用一个解码器，依此类推。编码时第一个解码器为 1，第二个解码器为 2，其他解码器编码依此类推。接用户机线时，要注意区分端口 OUT1 和 OUT2 分别为一层的 01 户房间和 02 户房间，OUT3 和 OUT4 分别为二层的 01 户房间和 02 户房间。

➢ 当户型结构为一层四户型时，则每层用一个解码器，编码时第一层的解码器为 1，第二层的解码器为 2，其他解码器编码依此类推。用户机接线时 OUT1、OUT2、OUT3 和 OUT4 分别本层的 01 户房间、02 户房间、03 户房间和 04 户房间。

➢ 当户型结构为一层八户型时，则每层用两个解码器，编码时第一层的解码器为 1 和 2，第二层的解码器为 3 和 4，第三层的解码器为 5 和 6，其他楼层依此类推。用户机接线时，编号为 1 解码器的四个端口分别接本层的 01 至 04 户房间，编号为 2 解码器的四个端口分别接本层的 05 到 08 户房间，即这一层的第一个解码器接本层的 01 至 04 户房间，第二个解码器接本层的 055 至 08 房。

➢ 当户型结构为一层十六户型和三十二户型时，解码器地址设置方法同上。

步骤 3：安装对讲分机。

（1）根据分机底壳安装尺寸在墙而上打两个安装孔，并打上螺丝；

（2）把底壳的两个孔对着螺丝挂上，并贴紧墙面往下扣，如图 6-38 所示；

（3）接线，然后把面壳合在底壳上，用螺丝固定。

步骤 4：安装电源。

（1）把面面壳锁紧螺丝拧开。

（2）在离地面 2 m 左右的地方，按照电源箱的固定孔位打 3 个孔，再用胶钉和螺丝把电源箱固定在墙上，如图 6-39 所示。

图 6-38　安装分机底壳

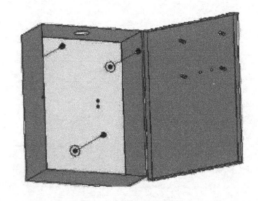

图 6-39　安装电源箱

（3）接直流输出线，并插上蓄电池的插头线。注意：接线要分清极性，不能接错。

（4）断开市电电源后，把 220 V 市电接到变压器的交流输入端。

（5）合上面壳并用螺丝固定好。

系统可以采用输出 12V/2A 的 600PV 或输出 12V/1A 的 600PF 两种电源供电。所有电源都配备可充电电池，在停电的情况下可保证系统正常工作 12 小时。

电源的具体配置：系统静态解码器及分机无功耗，一栋楼只需一台电源为 SW-600PV(2V/2A) 或 SW-600PF（12V/1A）。如果是常闭锁，则配置 2 A 电源。

步骤 5：安装电锁。

（1）固定电锁。

（2）电锁接线：如果是通电开锁型的电锁，接线时接对一讲主机上的 ND、CAM 两个端子（如电控锁、静音锁等）；如果是断电开锁型的锁，接对讲主机上的 NC、CAM 两个端子（如电磁锁、电插锁）。

（3）设置开锁时间：在门口机上设置开锁时间。

（4）设置开锁方式：在门机上设置开锁方式。主板上有 J01、J02 两个跳针，上而分别标有 OFF 和 ON，当要求加电开锁时，将 J01、J02 跳至 ON。当要求无流输入开锁时，将 J01、J02 跳至 OFF。

【注意事项】

（1）在安装过程中严禁带电操作。

（2）所有连线接好后，要认真反复检查安装及线路有无错误，确定无误后方可通电。

（3）在通电时，如发现有不正常情况，立即切断电源，排除故障后方可继续通电工作。

（4）如果系统工作不正常，请断电后分段检查，如未查明故障原因，请通知代理销售商或厂一家售后服务部，切勿自行修理或更换元件而造成系统损坏。

（5）不要将对讲系统安装在下列不良位置：太阳直接射、高温、雪霜、化学物质腐蚀及灰尘太多的地方。

（6）将室内分机/单元门主机安装在目视水平位置，建议离地高度为 45 cm。

第7章 联网型可视对讲系统

7.1 联网型可视对讲系统的构成与联网模式

联网型可视对讲系统（video intercom connected networks system）是由管理机、可视门口机、可视室内机、中间传输控制设备、系统电源等构成的具有选呼、对讲、监视、电控开锁和网络管理等功能的系统。

7.1.1 联网型可视对讲系统的构成

联网型可视对讲系统主要由管理机、可视门口机、可视室内机、中间传输控制设备和系统电源等部分构成。

管理机（center manage unit）是能对门口机和室内机的呼叫和（或）监视，对事件信息等进行接收、管理和控制的装置。

可视门口机（video outdoor unit）是安装在出入口处，具有选呼、对讲、摄像、控制等功能的装置。

可视室内机（video indoor unit）是安装在用户室内，具有呼叫、对讲、监视及控制开锁等功能的装置。

中间传输控制设备（medial transfer and control unit）是系统中对各种信号具有接入、中继、再生、放大、分配、转发、交换或控制等功能的装置。

图 7-1 所示是联网型可视对讲系统示例。

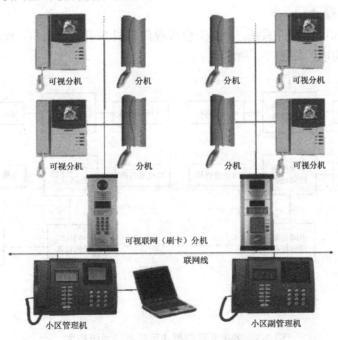

图 7-1　联网型可视对讲系统示例

7.1.2 联网型可视对讲系统的联网模式

联网型可视对讲系统的联网模式，可以依据不同的分类标准分别进行分类。

1. 按管理方式分类

按照可视对讲系统的管理方式，主要分为独立单元联网模式、多单元联网模式、片区联网模式。

1）独立单元联网模式

独立单元联网模式可视对讲系统，由一台可视门口机、若干台可视室内机、管理机和中间传输控制设备等部分构成，如图 7-2 所示。

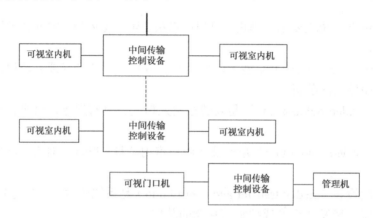

图 7-2　独立单元联网模式可视对讲系统构成

2）多单元联网模式

多单元联网模式可视对讲系统，由若干台可视门口机与可视室内机、管理机和相关中间传输控制设备等部分构成，如图 7-3 所示。

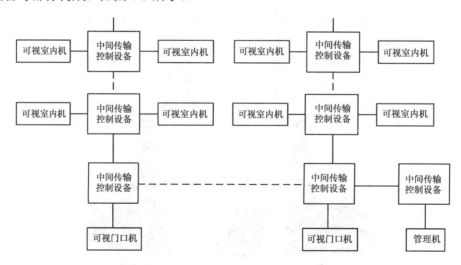

图 7-3　多单元联网模式可视对讲系统构成

3）片区集成联网模式

片区集成联网模式可视对讲系统由若干个多单元系统构成,各个多单元系统由若干台可视门口机与可视室内机、管理机和相关中间传输控制设备等部分构成,如图7-4所示。

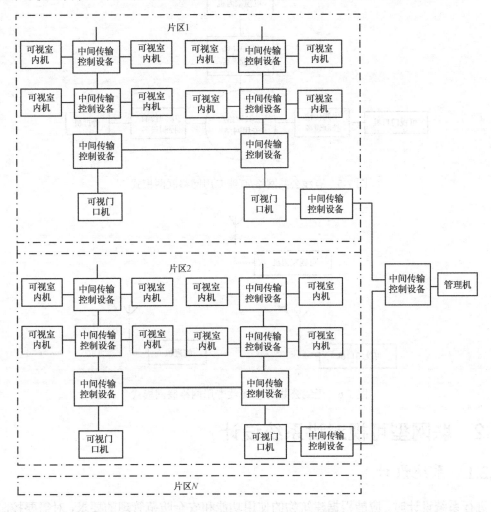

图7-4　片区集成联网模式可视对讲系统构成

2. 按传输方式分类

联网型可视对讲系统按传输方式主要可分为:有线公共网络/有线专用网络联网模式、无线公共网络/无线专用网络联网模式,有线和无线组合模式,公共网络和专用网络组合模式。这里主要介绍有线公共网络/有线专用网络联网模式、无线公共网络/无线专用网络联网模式。

1）有线公共网络/有线专用网络联网模式

这种模式的可视对讲系统,其管理机、可视门口机、可视室内机、中间传输控制设备间的各种信号通过有线公共网络/有线专用网络进行传输,其传输协议应符合相关标准要求,如图7-5所示。

2）无线公共网络/无线专用网络联网模式

这种模式的可视对讲系统,其管理机、可视门口机、可视室内机间的各种信号通过无线公共网络/无线专用网络进行传输，其传输协议应符合相关标准要求，无线频率的使用应满足国家相关规定，如图7-6所示。

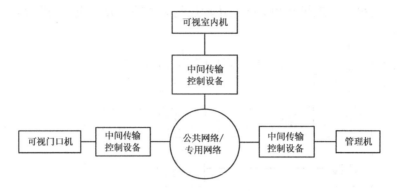

图 7-5　有线公共网络/有线专用网络联网模式

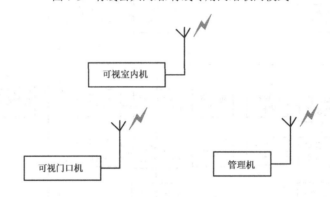

图 7-6　无线公共网络/无线专用网络联网模式

7.2　联网型可视对讲系统设计

7.2.1　系统设计

在进行系统设计时，应能根据建筑物的使用功能和安全防范管理的要求，对需要控制的各类出入口，按各种不同的通行对象及其准入级别，对其进出实施实时控制与管理，并应具有报警功能。

系统设计应符合公安部颁布的现行标准《出入口控制系统技术要求》（GA/T 394—2002）等相关规范标准的要求。

人员安全疏散口，应符合住房和城乡建设部颁布的现行国家标准《建筑设计防火规范》（GB 50016—2014）的要求。

防盗安全门、访客对讲系统、可视对讲系统作为一种民用出入口控制系统，其设计应符合国家质量监督部门颁布的现行标准《防盗安全门通用技术条件》（GB 17565—2007）的要求，以及公安部颁布的《楼寓对讲电控安全门通用技术条件》（GA/T 72—2013）和《黑白可视对讲系统》（GA/T 269—2001）的技术要求。

1. 系统设计原则

（1）规范性和安全性。系统设计应现行符合 GB 50348—2004 及相关技术标准、规范的规定，系统的设计应满足出入安全管理要求。

（2）实用性与先进性。系统设计应基于对现场环境条件、投资规模、维护保养等因素进行设计，应做到实用、合理、经济，并在技术上具有先进性、前瞻性。

（3）互换性与扩充性。系统选用的设备应考虑互换性，为建成后的增容或改造留有余地。根据用户要求，系统应可扩充，并具有自动报警、信息发布、出入口管理、图像录放、图像抓拍、留言等功能。

（4）开放性与兼容性。系统应考虑与报警、视频安防监控、出入口控制等系统实现联动管理或留有相应的接口。当与其他系统联合设计时，应建立系统集成平台，使各子系统之间既能相互兼容，又能独立运行。

（5）可靠性。

2. 可靠性设计规定

系统可靠性设计应符合下列规定：

（1）根据系统规模的大小和用户对系统可靠性的总要求，将整个系统的可靠性指标进行分配，也就是将整个系统的可靠性要求转换为系统各组成部分（或子系统）的可靠性要求。

（2）系统所有子系统的平均无故障工作时间（MTBF）不应小于其 MTBF 分配指标。

（3）系统所使用的所有设备、器材的平均无故障工作时间（MTBF）不应小于其 MTBF 分配指标。

当采用超额设计时，应根据系统设计要求和关键环境因素或物理因素（应力、温度、功率等）的影响，使元器件、部件、设备在低于额定值的状态下工作，以加大安全余量，保证系统的可靠性。

当采用简化设计时，应在完成规定功能的前提下，采用尽可能简化的系统结构，尽可能少的部件、设备，尽可能短的路由，来完成系统的功能，以获得系统的最佳可靠性。

3. 冗余设计规定

（1）储备冗余（冷热备份）设计。系统应采用储备冗余设计，特别是系统的关键组件或关键设备，必须设置热（冷）备份，以保证在系统局部受损的情况下能正常运行或快速维修。

（2）主动冗余设计。系统应尽可能采用总体并联式结构或串-并联混合式结构，以保证系统的某个局部发生故障（或失效）时，不影响系统其他部分的正常工作。

4. 维修性设计和维修保障规定

（1）系统的前端设备应采用标准化、规格化、通用化设备，以便维修和更换；

（2）系统主机结构应模块化；

（3）系统线路接头应插件化，线端必须做永久性标记；

（4）设备安装或放置的位置应留有足够的维修空间；

（5）传输线路应设置维修测试点；

（6）关键线路或隐蔽线路应留有备份线；

（7）系统所用设备、部件、材料等，应有足够的备件和维修保障能力；

（8）系统软件应有备份和维护保障能力。

7.2.2 传输方式设计

1. 传输方式的选择

（1）传输方式的选择取决于系统规模、系统功能、现场环境和管理工作的要求。一般采用有线传输为主、无线传输为辅的传输方式。有线传输可采用专线传输、公共电话网传输、公共数据网传输、电缆光缆传输等多种模式。

（2）选用的传输方式应保证信号传输的稳定、准确、安全、可靠，且便于布线、施工、检测和维修。

（3）可靠性要求高或布线便利的系统，应优先选用有线传输方式，最好是选用专线传输方式。布线困难的地方可考虑采用无线传输方式，但要选择抗干扰能力强的设备。

（4）报警网的主干线（特别是借用公共电话网构成的区域报警网），宜采用有线传输为主、无线传输为辅的双重报警传输方式，并配以必要的有线/无线转接装置。

2. 传输线缆的选择

（1）传输线缆的衰减、弯曲、屏蔽、防潮等性能应满足系统设计总要求，并符合相应产品标准的技术要求。在满足上述要求的前提下，宜选用线径较细、容易施工的线缆。

（2）报警信号传输线的耐压不应低于 AC 250 V，应有足够的机械强度。铜芯绝缘导线、电缆芯线的最小截面积应满足下列要求：
- 穿管敷设的绝缘导线，线芯最小截面积不应小于 1.00 mm^2；
- 线槽内敷设的绝缘导线，线芯最小截面积不应小于 0.75 mm^2；
- 多芯电缆的单股线芯最小截面积不应小于 0.50 mm^2。

（3）视频信号传输电缆应满足下列要求：
- 应根据图像信号采用基带传输或射频传输，确定选用视频电缆或射频电缆。
- 所选用电缆的防护层应适应电缆敷设方式及使用环境的要求（如气候环境、是否存在有害物质、干扰源等）。
- 室外线路，宜选用外导体内径为 9 mm 的同轴电缆，并采用聚乙烯外套。
- 室内距离不超过 500 m 时，宜选用外导体内径为 7 mm 的同轴电缆，且采用防火的聚氯乙烯外套。
- 终端机房设备间的连接线，当距离较短时，宜选用外导体内径为 3 mm 或 5 mm，且具有密编铜网外导体的同轴电缆。
- 电梯轿厢的视频同轴电缆应选用电梯专用电缆。

（4）光缆应满足下列要求：
- 光缆的传输模式，可依传输距离而定。长距离时宜采用单模光纤，距离较短时宜采用多模光纤。
- 光缆芯线数目，应根据系统点的个数、系统点的分布情况来确定，并注意留有一定的余量。
- 光缆的结构及允许的最小弯曲半径、最大抗拉力等机械参数，应满足施工条件的要求。
- 光缆的保护层，应适应光缆的敷设方式及使用环境的要求。

7.2.3 传输设备选型要求

1. 通用设备造型要求

利用公共电话网、公用数据网传输报警信号时,其有线转接装置应符合公共网入网要求;采用无线传输时,无线发射装置、接收装置的发射频率、功率应符合国家无线电管理的有关规定。

2. 视频电缆传输部件要求

1)视频电缆传输方式

下列位置应加电缆均衡器:

➢ 黑白电视基带信号在 5 MHz 时的不平坦度不小于 3 dB 处;

➢ 彩色电视基带信号在 5.5 MHz 时的不平坦度不小于 3 dB 处。

下列位置应加电缆放大器:

➢ 黑白电视基带信号在 5 MHz 时的不平坦度不小于 6 dB 处;

➢ 彩色电视基带信号在 5.5 MHz 时的不平坦度不小于 6 dB 处。

2)射频电缆传输方式

➢ 当摄像机在传输干线某处相对集中时,宜采用混合器来收集信号;

➢ 当摄像机分散在传输干线的沿途时,宜选用定向耦合器来收集信号;

➢ 当控制信号传输距离较远,到达终端已不能满足接收电平要求时,宜考虑中途加装再生中继器。

3)无线图像传输方式

➢ 系统距离在 10 km 范围内时,可采用高频开路传输。

➢ 系统距离较远且设备点在某一区域较集中时,应采用微波传输方式,其传输距离可达几十千米。需要传输距离更远或中间有阻挡物时,可考虑加微波中继。

➢ 无线传输频率应符合国家无线电管理的规定,发射功率应不干扰广播和民用电视,调制方式宜采用调频制。

3. 防水

光端机、解码箱或其他光部件在室外使用时,应具有良好的密闭防水结构。

7.2.4 布线设计规定

综合布线系统的设计应符合现行国家标准《建筑与建筑群综合布线系统工程设计规范》(GB/T 50311)的规定。

1. 非综合布线系统的路由设计应符合的规定

(1)同轴电缆宜采取穿管暗敷或线槽的敷设方式。当线路附近有强电磁场干扰时,电缆应在金属管内穿过,并埋入地下。当必须架空敷设时,应采取防干扰措施。

(2)路由应短捷、安全可靠,施工维护方便。

(3)应避开恶劣环境条件或易使管道损伤的地段。

（4）与其他管道等障碍物不宜交叉跨越。

2. 线缆敷设应符合的规定

综合布线系统的线缆敷设应符合现行国家标准《建筑与建筑群综合布线系统工程设计规范》（GB/T 50311）的规定。非综合布线系统室内线缆的敷设，应符合下列要求：

（1）无机械损伤的电（光）缆，或改、扩建工程使用的电（光）缆，可采用沿墙明敷方式。

（2）在新建的建筑物内或要求管线隐蔽的电（光）缆应采用暗管敷设方式。

（3）下列情况可采用明管配线：

➢ 易受外部损伤；

➢ 在线路路由上，其他管线和障碍物较多，不宜明敷的线路；

➢ 在易受电磁干扰或易燃易爆等危险场所。

（4）电缆和电力线平行或交叉敷设时，其间距不得小于 0.3 m。电力线与信号线交叉敷设时，宜成直角。

（5）室外线缆的敷设，应符合现行国家标准《民用闭路监视电视系统工程技术规范》（GB 50198—2011）中第 2.3.7 条的要求。

（6）敷设电缆时，多芯电缆的最小弯曲半径应大于其外径的 6 倍，同轴电缆的最小弯曲半径应大于其外径的 15 倍。

（7）线缆槽敷设截面利用率不应大于 60%，线缆穿管敷设截面利用率不应大于 40%。

（8）电缆沿支架或在线槽内敷设时应在下列各处牢固固定：

➢ 电缆垂直排列或倾斜坡度超过 45°时的每一个支架上；

➢ 电缆水平排列或倾斜坡度不超过 45°时，在每隔 1～2 个支架上；

➢ 在引入接线盒及分线箱前 150～300 mm 处。

（9）明敷的信号线路与具有强磁场、强电场的电气设备之间的净距离，宜大于 1.5 m。当采用屏蔽线缆或穿金属保护管或在金属封闭线槽内敷设时，宜大于 0.8 m。

（10）线缆在沟道内敷设时，应敷设在支架上或线槽内。当线缆进入建筑物后，线缆沟道与建筑物间应隔离密封。

（11）线缆穿管前应检查保护管是否畅通，管口应加护圈，防止穿管时损伤导线。

（12）导线在管内或线槽内不应有接头和扭结，导线的接头应在接线盒内焊接或用端子连接。

（13）同轴电缆应一线到位，中间无接头。

3. 光缆敷设应符合的规定

（1）敷设光缆前，应对光纤进行检查。光纤应无断点，其衰耗值应符合设计要求。核对光缆长度，并应根据施工图的敷设长度来选配光缆。配盘时应使接头避开河沟、交通要道和其他障碍物。架空光缆的接头应设在杆旁 1 m 以内。

（2）敷设光缆时，其最小弯曲半径应大于光缆外径的 20 倍。光缆的牵引端头应做好技术处理，可采用自动控制牵引力的牵引机进行牵引。牵引力应加在加强芯上，其牵引力不应超过 150 kg，牵引速度以 10 m/min 为宜。一次牵引的直线长度不应超过 1 km，光纤接头的预留长度不应小于 8 m。

（3）敷设光缆后，应检查光纤有无损伤，并对光缆敷设损耗进行抽测。确认没有损伤后，再进行接续。

（4）光缆接续应由受过专门训练的人员操作，接续时应采用光功率计或其他仪器进行监视，使接续损耗达到最小。接续后应做好保护，并安装好光缆接头护套。

（5）在光缆的接续点和终端应做永久性标志。

（6）管道内敷设光缆时，无接头的光缆在直道上敷设时应由人工逐个入孔同步牵引。先做好接头的光缆，其接头部分不得在管道内穿行。光缆端头应用塑料胶带包扎好，并盘圈、放置在托架的高处。

（7）光缆敷设完毕后，宜测量通道的总损耗，并用光时域反射计观察光纤通道全程波导的衰减特性曲线。

7.2.5　供电设计

（1）应采用两路独立电源供电，并在末端自动切换。

（2）系统设备应进行分类，统筹考虑系统供电。

（3）根据设备分类，配置相应的电源设备。系统监控中心和系统重要设备应配备相应的备用电源装置。系统前端设备视工程实际情况，可由监控中心集中供电，也可本地供电。

（4）主电源和备用电源应有足够容量。应根据入侵报警系统、视频安防监控系统、出入口控制系统等的不同供电消耗，按总系统额定功率的 1.5 倍设置主电源容量。应根据管理工作对主电源断电后系统防范功能的要求，选择配置持续工作时间符合管理要求的备用电源。

（5）电源质量应满足下列要求：

> 稳态电压偏移不大于 ±2%；
> 稳态频率偏移不大于 ±0.2 Hz；
> 电压波形畸变不大于 5%；
> 允许断电持续时间为 0～4 ms；
> 当不能满足上述要求时，应采用稳频稳压、不间断电源供电或备用发电等措施。

（6）安全防范系统的监控中心应设置专用配电箱，配电箱的配出回路应留有余量。

7.3　设备安装要求

1. 外观、结构和标志

（1）外观：

> 机壳外形尺寸应符合图纸或使用说明书要求；
> 非金属外壳表面应无裂纹、褪色及永久性污渍，亦无明显变形和划痕；
> 金属外壳表面涂覆不能露出底层金属，并无起泡、腐蚀、划痕、涂层脱落和砂眼等。

（2）机械结构：

> 按键、开关操作应灵活、可靠，零部件应坚固、无松动；
> 叉簧特性和按键号盘特性应符合相应电话机国家标准的要求；
> 在固定安装后，门口机、室内机的接线端子均不能暴露在可触摸的表面；
> 门口机的外壳应有防止非正常拆卸的保护措施；
> 系统电源的机壳设计应对备用电源做出可靠安排。

（3）标志和标识：

系统各组成部分应有清晰、永久的标志。产品应有下列标志：

➢ 制造厂名称或公司名称；

➢ 产品牌号或型号；

➢ 系列号码或批号；

➢ 功能防护等级；

➢ 生产日期；

➢ 电源额定值，即正常工作电压、电流和频率；

➢ 保险装置额定电流。

如果无法在产品上标志上述内容，则应在使用说明书中给出。

系统中各设备（装置）之间的连接应有明晰的标识（如接线柱/座位置、规格、定向等特征，引出线应有颜色区分或以数字、字符标识）。

2. 机械强度

设备的机壳应能承受对每个能正常接触到的表面施加 0.5 J 的碰撞，碰撞中应无状态变化和误报警，碰撞后应功能正常。

3. 出入口控制设备安装要求

（1）各类识读装置的安装高度离地不应超过 1.5 m，安装应牢固；

（2）感应式读卡机在安装时应注意可感应范围，不得靠近高频、强磁场；

（3）锁具安装应符合产品技术要求，安装应牢固，启闭应灵活。

4. 访客可视对讲设备安装要求

（1）可视对讲主机（门口机）可安装在单元防护门上或墙体主机预埋盒内。可视对讲主机操作面板的安装高度离地不应超过 1.5 m，操作面板应面向访客，便于操作。

（2）调整可视对讲主机内置摄像机的方位和视角至最佳位置，对不具备逆光补偿的摄像机，应做环境亮度处理。

（3）可视对讲分机（用户机）的安装位置宜选择在住户室内的内墙上，安装应牢固，其高度为离地 1～1.4 m 处。

（4）联网型可视对讲系统的管理机宜安装在监控中心内，或小区出入口的值班室内，安装应牢固、稳定。

5. 中间传输控制设备安装要求

中间传输控制设备应固定安装在弱电竖井内或其他隐蔽安全、便于维护的部位，与其他系统设备间的距离应不小于 200 mm，并放置于箱体中。

7.4 联网型可视对讲系统的技术要求

7.4.1 基本功能要求

可视对讲系统的基本功能要求如下：

（1）选呼功能：可视门口机和管理机应正确选呼相应可视室内机，听到应答提示音。

（2）呼叫功能：可视门口机和可视室内机应正确呼叫相应管理机，听到应答提示音。

（3）通话功能：经选呼或呼叫后，应实现双向通话，语音清晰，不应出现振鸣现象。

（4）电控开锁功能：可视室内机和管理机经操作后应控制可视门口机实施开锁。

（5）可视功能：可视门口机选呼可视室内机后，在可视室内机监视器上，应显示由可视门口机摄取的图像，且图像质量至少应辨别来访者的面部特征。可视门口机呼叫管理机后，在可视管理机监视器上，应显示由可视门口机摄取的图像，且图像质量至少应辨别来访者的面部特征。

（6）夜间操作功能：可视门口机应提供照明或可见提示，以便来访者在夜间操作。

（7）报警功能。

7.4.2 报警功能要求

具有报警功能的系统宜采用有线专网联网模式。

1. 设置警戒和解除警戒

报警终端应有设置警戒和解除警戒的装置，在设置警戒和解除警戒时应能向管理机发送状态。解除警戒装置的密钥量应符合如下要求：

（1）防盗报警控制器应有设置警戒和解除警戒的装置。它们可以是机械钥匙、遥控装置、密码键盘、读卡装置或者其他装置。

（2）机械钥匙的密钥量至少有 103 个组合。

（3）键盘密码密钥量至少有 104 个组合。

（4）遥控装置密钥量至少有 5 万个组合，遥控器发射频率、遥控距离等应在产品标准中示出，并应符合国家无线电管理的有关规定。

（5）读卡装置密钥量至少有 2^{26} 个组合。

在报警条件下或入侵探测回路不正常时，不应设置警戒，并应能设置部分和全部报警探测回路。

2. 报警

报警终端应直接或间接接收报警信号，产生报警并向管理机发送报警信息。报警信息的发送应持续至管理机的可靠接收确认。

3. 报警输入分类

具有报警功能的联网型可视对讲系统应至少具有以下 5 种报警输入：

（1）瞬时报警：接收到入侵报警信号后立即产生报警指示。

（2）紧急报警：不受报警终端所处状态和交流断电影响，提供 24 h 紧急报警，报警终端可无指示。

（3）防拆报警：提供 24 h 防拆保护，报警功能应不受报警终端所处状态和交流断电影响。

➤ 报警终端应有接收探测器防拆报警信号的接口；

➤ 报警终端及其辅助报警设备应有装在机壳盖内的防拆探测装置，当打开报警终端机壳或将报警终端移离安装表面时应产生报警。

（4）防破坏报警：当与报警终端互连的探测回路发生断路、短路时，应立即发出报警。当探测回路为阻性，且其阻值为并接负载值的 40%时，应立即发出报警或不应破坏报警终端的正常功能。当下列情况发生时，管理机应发出报警：

> 在有线传输系统中，报警终端、管理机和中间传输控制设备之间传输报警信息的线路发生断路、短路时；
> 在公共网络传输报警信息的系统中，当网络传输线路发生断路时；
> 在无线传输系统中，当出现连续阻塞信号或干扰信号超过 30 s，足以妨碍正常接收报警信号时。

（5）延时报警：实现 40 s 或 1～255 s 可调的进入延时和 100 s 或 1～255 s 可调的退出延时。

4. 报警响应时间

当一个或多个设防区域产生报警时，入侵报警系统的响应时间应符合下列要求：

> 分线制入侵报警系统：不大于 2 s；
> 无线和总线制入侵报警系统的任一防区首次报警：不大于 3 s；
> 其他防区后续报警：不大于 20 s。

从探测器探测到报警信号（经公共网络线传输），到报警控制设备接收到报警信号之间的响应时间，应符合下列规定：

> 基于市话网电话线的入侵报警系统：不大于 20 s；
> 基于局域网的入侵报警系统：不大于 5 s；
> 基于电力网的入侵报警系统：不大于 5 s。

5. 故障检测

（1）检测故障应符合如下要求：

> 应能检测主电源故障。
> 防盗报警控制器应能检测如下软件故障，并在故障发生 5 s 之内给出故障告警：防盗报警控制器的任何巡检过程的非正常中断；软件处理器发生的故障；检测程序检测出存储器中的错误。

（2）故障指示和通告：

> 在解除警戒状态下，应能指示故障；
> 防盗报警控制器全设置警戒状态下，不需要指示故障；
> 故障信号在任何时候均应传送到远程监控站。

（3）故障提示声压：不得小于 60 dB(A)。

6. 报警指示

报警指示可以分为视觉指示（包括灯光和字符图形指示）和听觉指示。视觉报警指示和听觉报警指示可以是同时的，也可以是不同时的。

1）视觉报警指示

视觉报警指示应能指示入侵发生的部位，并保持至手动复位才能消失。当某入侵探测回路的视觉报警指示持续期间，再有其他入侵探测回路的报警信号输入时，应能发出相应的视觉报警指示；当多个入侵报警探测回路同时报警时，不应漏掉任意一路报警指示。

对入侵报警探测回路来说，可以每个探测回路用一个独立的视觉指示器或公用一个字符图形指示器。其要求如下：

> 所有的视觉指示器均应清晰地标明其指示含义，字迹或符号应清晰，视觉指示是灯光时应为红色。
> 视觉指示应能在环境照度 100～500 lx 的条件下，距离指示器 0.8 m 处分辨清楚。

2）听觉报警指示

听觉报警指示允许自动复位，持续时间固定或可调，固定持续时间不小于 5 min，可调最长持续时间应大于 20 min。当视觉报警指示持续期间，再有入侵报警信号输入时，应能重新发出听觉报警指示。

当报警终端和管理机产生听觉报警指示时，距告警器中心正前方 1 m 处的报警声压应不小于 80 dB(A)，故障提示声压应不小于 60 dB(A)。

7. 管理机功能要求

（1）应有编程和联网功能；
（2）应具有发出声光报警的功能；
（3）应具有巡检功能；
（4）应具有显示、存储各报警终端发送的报警、布防/撤防（含部分）、求助、故障、自检等信息的功能，以及打印、统计、查询和记录报警发生的地址、日期、时间、报警类型等信息的功能；
（5）应具有密码操作保护功能，用非正常手段不能改变记录内容；
（6）应能储存最近 30 天的报警事件信息。

8. 报警优先

（1）当有紧急报警和其他报警同时发生时，紧急报警信息应优先传送和处理；
（2）当同时有多组（不少于 5 组）报警信息传送时，不应发生信息丢失的现象；
（3）在有线联网模式中，当传输系统上的信号发生并发、短暂强干扰时或传输线发生短暂短路时，系统应能确保信号正确传输。

9. 电源要求

（1）供电：控制器在向互连的入侵探测器或辅助设备供电时，应能提供直流 12～15 V 工作电压，且在满载条件下，电压纹波系数小于 1%。应在产品标准中规定供电电流的额定值。
（2）电源电压适应性：当使用一般主电源（AC），电源电压在额定值的 85%～110%范围内变化时，或者使用开关电源，电源电压在 100～250 V 范围内变化时，控制器不需要调整就能正常工作。主电源容量应保证在此范围内设置警戒满载条件下连续工作 24 h。当备用电源（DC）电压降低到企业标准中给出的欠压告警电压值时，应产生欠压告警指示，且系统工作应正常，不应出现误报警或漏报警。防盗报警控制器满载设置警戒状态和报警状态下的交、直流功耗，应在产品标准中给出。
（3）电源转换：应能在主电源（AC）和备用电源（DC）之间切换。当主电源断电时，能自动转换到备用电源供电；当主电源恢复时，又能自动转换到主电源供电，并对备用电源自动充电。在电源转换时，系统工作应正常，不应出现误报警。

（4）充电电源要求：主电源（AC）应具有足够大的功率，能够在满载设置警戒条件下，连续 8 h 对制造商推荐的备用电池充电，最长充电时间为 24 h。

10. 无线传输要求

具有无线传输功能的产品，应使用国家已规定或核准的频率。

7.4.3 扩展功能

（1）图像录放功能：系统应具有拍摄和存储来访者图像的功能，通过可视室内机或可视管理机可查看已存储的来访者图像信息。

（2）留言功能：系统应对来访者进行录音留言，通过可视室内机可回放留言信息。

（3）信息发布功能：系统应具有通过管理机向可视室内机发送图文信息的功能，在可视室内机上可查看相应的图文信息。

（4）识别控制功能：系统应具有通过生物特征、卡片等特征信息识别的功能，实现对人员出入的控制管理。

7.4.4 通话传输特性

系统设备的通话传输特性要符合如下要求：

（1）非线性失真：

➢ 当激励声压为 0 dBPa 时，应答通道非线性失真应不大于 7%；

➢ 当激励声压为 0 dBPa 时，主呼通道非线性失真应不大于 7%。

（2）侧音掩蔽评定值（STMR）：室内机手柄端的侧音掩蔽评定值（STMR）应不小于 5 dB。

（3）全程响度评定值（OLR）：

➢ 联网通道全程响度评定值为 18 dB±5 dB；

➢ 可视室内机或管理机采用免提对讲方式时，应答通道的全程响度评定值为 18 dB±5 dB，主呼通道的全程响度评定值为 21 dB±5 dB。

（4）频率响应：

联网通道的频率响应应符合图 7-7 所示的要求。

可视室内机或管理机采用免提对讲方式时，应答通道和主呼通道的频率响应在 400～3 400 Hz 范围内的典型曲线（图 7-7 中虚线）及其允差范围（图 7-7 中实线）如图 7-8 所示。

（5）失真：

➢ 当激励声压为 0 Pa 时，联网通道的非线性失真应不大于 7%；

➢ 可视室内机或管理机采用免提对讲方式时，应答通道和主呼通道的非线性失真应不大于 10%。

（6）信噪比：

➢ 应答通道信噪比应不小于 30 dB，主呼通道信噪比应不小于 25 dB；

➢ 联网通道信噪比应不小于 30 dB；

➢ 可视室内机或管理机采用免提对讲方式时，应答通道和主呼通道信噪比应不小于 25 dB。

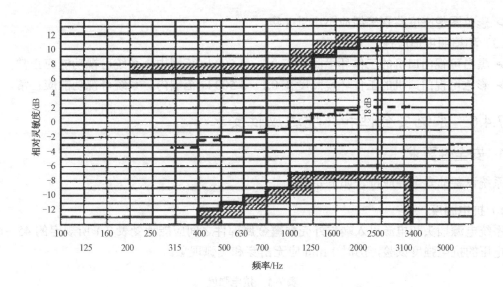

图 7-7　联网通道频率响应

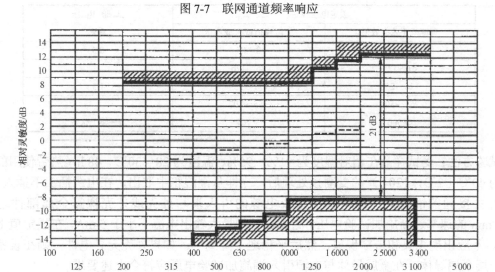

图 7-8　免提系统应答通道和主呼通道频率响应

（7）侧音掩蔽评定值（STMR）：管理机手柄端的侧音掩蔽评定值（STMR）应不小于 5 dB。

（8）振铃声级：管理机的最大振铃声级应不小于 70 dB(A)，具有铃声调节的管理机，其最低铃声声级应不小于 55 dB(A)。

7.4.5　视频特性

（1）图像分辨力：

➢ 黑白图像分辨力（水平中心）应不小于 250 TVL。

➢ 彩色图像分辨力（水平中心）应不小于 200 TVL。

（2）亮度鉴别等级：

➢ 黑白图像亮度鉴别等级应不小于 8 级；

➢ 彩色图像亮度鉴别等级应不小于 7 级。

（3）环境照度适应性：

➢ 黑白可视门口机的工作环境照度在 0.1～4 500 lx 范围内，系统可视功能应正常；

➢ 彩色可视门口机的工作环境照度在 0.1～3 500 lx 范围内，系统可视功能应正常。

7.4.6 系统安全性和环境适应性要求

1. 安全性要求

系统设备的安全性应符合如下要求。

1）抗电强度

系统电源插头和电源引入端与外壳裸露金属部件之间应能承受表 7-1 所规定的 45～65 Hz 交流电压的抗电强度试验，历时 1 min 应无击穿和飞弧现象。

表 7-1　抗电强度

额定电压/V		试 验 电 压
直流或正弦有效值	交流峰值或合成电压	/kV
0～60	0～85	0.5
61～125	86～176	1
126～250	177～354	1.5
251～500	355～707	2
＞500	＞707	2U+整千伏数

试验方法：受试样品在相对湿度为 91%～95%、温度为 28～30℃、48 h（热带使用的产品温度为 40℃±2℃，120 h）的受潮预处理后，立即从潮湿箱中取出，在电源插头不插入电源、电源开关接通的情况下，在电源插头或电源的引入端与外壳或外壳裸露金属部件之间以 200 V/min 的速率逐渐施加试验电压，测试设备的最大输出电流不小于 5 mA，在规定值上保持 1 min，不应出现飞弧和击穿现象，然后平稳地下降到零。如果外壳无导电件，则在设备的外壳包一层金属导体，在金属导体与电源引入端施加试验电压应符合上述要求。

2）绝缘电阻和泄漏电流

系统电源插头或电源引入端子与外壳或外壳裸露金属部件之间的绝缘电阻，在正常环境条件下应不小于 100 MΩ，湿热条件下应不小于 10 MΩ。

系统泄漏电流应不大于 5 mA（AC，峰值）。

3）故障条件下的防护

在易于导致损坏的故障条件下，系统各组成部分均不应引起燃烧，也不应使内部电路损坏。对于系统管控室内机数量大于 28 户的多用户系统，部分室内机的故障不应影响系统中其他非故障回路的正常工作。

4）温升

系统在正常工作条件下，各组成部分的外壳温度不应超过 65 ℃，机内发热部件连续工作 4 h 后，其温升不应超过该部件的规定值。

2. 环境适应性要求

系统设备的环境适应性应符合如下要求：根据系统使用环境的严酷程度不同分为三个等级。系统在承受各种气候和机械环境试验后，应无任何电气故障、结构变形和接触不良现象。每项试验中及试验后系统基本功能均应正常。

7.4.7 供电技术要求

1. 供电基本要求

（1）宜采用两路独立电源供电，并在末端自动切换。

（2）系统设备应进行分类，统筹考虑系统供电。

（3）根据设备分类，配置相应的电源设备。系统监控中心和系统重要设备应配备相应的备用电源装置。系统前端设备视工程实际情况，可由监控中心集中供电，也可本地供电。

（4）主电源和备用电源应有足够容量。应根据入侵报警系统、视频安防监控系统、出入口控制系统等的不同供电消耗，按总系统额定功率的1.5倍设置主电源容量；应根据管理工作对主电源断电后系统防范功能的要求，选择配置持续工作时间符合管理要求的备用电源。

（5）电源质量应满足下列要求：

➤ 稳态电压偏移不大于±2%；

➤ 稳态频率偏移不大于±0.2 Hz；

➤ 电压波形畸变率不大于5%；

➤ 允许断电持续时间为0～4 ms；

➤ 当不能满足上述要求时，应采用稳频稳压、不间断电源供电或备用发电等措施。

（6）安全防范系统的监控中心应设置专用配电箱，配电箱的配出回路应留有余量。

2. 系统设备电源要求

系统设备的电源应符合如下要求：

（1）电源电压适应性。

➤ 交流：220 V±3V。

➤ 直流：额定值±10%，宜优选12 V、18 V供电。

➤ 在规定的电源电压变化范围内，系统应不需要调整而能正常工作。系统各组成部分的交、直流静态功耗、备用电源的容量应在产品说明书中给出。

（2）电源转换：当主电源断电时，应能自动转换到备用电源工作。当主电源恢复正常后，应能自动转换回主电源工作；在转换过程中，系统应工作正常，无误动作。

（3）自动充电和欠压保护：

➤ 主电源应能自动对备用电源进行充电，并应符合蓄电池充电的技术要求；

➤ 备用电源电压降低至额定终止值时，应有保护措施，避免过量放电。

7.5　可视对讲系统实训

可视对讲系统品牌产品有视得安、安居宝、智安达、立林、振威、慧锐通、柔乐、冠林和狄耐克等。本节主要以冠林产品为实训设备，其他公司的产品安装方法基本相同。在具体安装调试对讲设备时，请按照设备的产品工程安装手册。

实训一　梯口机与电锁的连接

【实训目的】

学会安装非可视对讲主机。

【实训要求】

了解完成梯口机与电锁的连接。

【实训步骤】

1）了解梯口机连接电锁注意事项

（1）梯口主机接电锁端口出厂默认设置为瞬间电压输出型（即：J303 跳开，J304 短接），如果要设置为常电压输出型，需将 J303 短接，J304 跳开。

（2）当出门按钮选用常闭型按钮时，需将接线图中继电器的常开端接到常闭端。

（3）继电器最大工作电压、最大工作电流、延时时间等产品说明书参数依实际情况而定。

（4）后面的接线图例同样适用于室内分机与电锁的接线。

2）梯口机连接各种电锁

（1）梯口机连接有延时不带控制盒电磁锁，其连接示意图如图 7-9 所示。

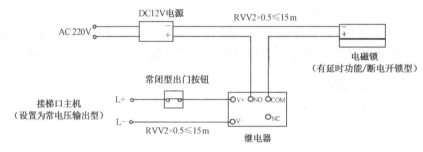

图 7-9　梯口机连接有延时不带控制盒电磁锁的连接示意图

（2）梯口机与无延时不带控制盒电磁锁的连接，其连接示意图如图 7-10 所示。

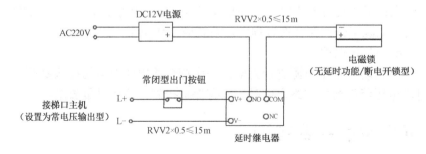

图 7-10　梯口机与无延时不带控制盒电磁锁的连接示意图

（3）梯口机与无延时带控制盒电磁锁的连接示意图如图 7-11 所示。

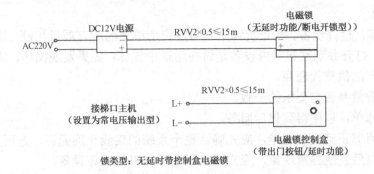

图 7-11　梯口机与无延时带控制盒电磁锁的连接示意图

（4）梯口机与不带出门按钮电控锁的连接示意图如图 7-12 所示。

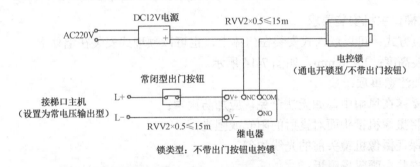

图 7-12　梯口机与不带出门按钮电控锁的连接示意图

（5）梯口机与带出门按钮电控锁的连接示意图如图 7-13 所示。

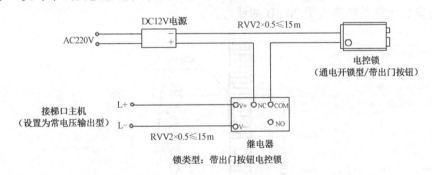

图 7-13　梯口机与带出门按钮电控锁的连接示意图

实训二　安装调试梯口设备

【实训目的】

学会安装调试一个单元可视对讲系统。

【实训要求】

1）一般要求

（1）打开包装，检查设备。检查货物是否与发货清单上的所有项目相符，检验每箱的配置是否正确。同时，打开并观察包装内设备是否在运输中损坏；如果发现损坏，请立即通知运输代理公司和你的产品供货代理商。

（2）应确认数量是否与要求的一致。

（3）保存保修单，以便得到售后服务。

（4）应按说明书正确安装完毕，应先确认整个系统的接线正确无误，方可接通电源。

（5）如果通电后发现异常现象，应立即切断电源，以免损坏设备。

（6）如果遇到设备故障，切勿自行拆卸维修，请与产品售后服务部门联系。如果在安装调试使用过程中遇到疑问和故障，可向设备技术服务中心咨询。

在进行设备安装时，必须考虑其安装方式、高度以及注意事项。

2）单元梯口主机安装要求

（1）安装方式：可以嵌入式安装在门体上，也可以预埋式安装在墙体上。

（2）安装高度：1 450 mm，如图 7-14 所示。

（3）安装注意事项：

➤ 不要暴露在风雨中，如无法避免，应加防雨罩；

➤ 不要将摄像机镜头面对直射的阳光或强光；

➤ 尽量保证摄像机镜头前的光线均匀；

➤ 不要安装在强磁场附近；

➤ 连接线在主机入口处应考虑滴水线；

➤ 彩色摄像机应考虑夜间可见光补偿；

➤ 不要安装在背景噪声大于 70 dB 的地方。

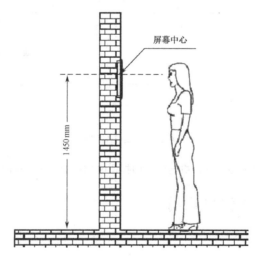

图 7-14　主机、分机安装高度

3）室内分机安装要求

（1）安装方式：墙体壁挂式、墙体嵌入式。

（2）安装高度：1 450 mm，参见图 7-14。

（3）安装注意事项：

➢ 不要将显示屏面对直射的强光，彩色分机要注意光线角度；

➢ 不要安装在高温或低温的地方，标准温度为 0～50 ℃；

➢ 不要安装在灰尘过大或在背景噪声大于 70 dB 的地方；

➢ 不要安装在强磁场附近。

4）联网控制器安装要求

（1）安装方式：可以明装（挂墙），推荐使用工程箱预埋，与主机电源一起安装在单元门附近。

（2）安装高度：弱电安装高度约为 1.2 m，明装高度为 2.3～2.5 m。

（3）安装时注意：

➢ 不要安装在高温或低温的地方，标准温度为 0～50 ℃；

➢ 不要安装在滴水处或潮湿的地方；

➢ 不要安装在灰尘过大或空气污染严重的地方；

➢ 不要安装在强磁场附近。

5）电源安装要求

（1）安装方式：可以明装（挂墙），推荐使用工程箱预埋。

（2）安装高度：明装时高度应大于 1 500 mm。

（3）安装时注意：

➢ 注意通风散热；

➢ 注意用电安全，箱盖闭合。

【实训设备、材料和工具】

（1）可视对讲单元梯口主机、可视分机、视频分配器、电控锁、电源；

（2）万用表、连接线。

【实训拓扑】

安装一个单元可视对讲系统的拓扑图如图 7-15 所示。

【实训步骤】

1）设备安装

步骤 1：安装单元梯口机。

（1）安装位置：单元梯口机位于楼梯口室外。采用埋墙式安装，不推荐明装，要求安装在单元门或大门的旁边或屋檐下来访者容易发现和操作的地方。同时，应考虑到镜头的有效视角要对准来访者的头面部。尽量避免来访者背光，导致分机看不清来访者的情况。

（2）安装高度：安装高度在主机开孔下沿离地面 1 300 mm 左右的地方（摄像头离地面 1 500 mm），正面、侧面安装均可。

（3）一般安装在每栋楼单元门的右侧墙上，安装位置应尽量避免日光直射、灰尘、雨淋、强振动、强腐蚀、强辐射等场合。

（4）主机底盒暗埋在墙面上。一般安装尺寸：宽 111 mm、高 292 mm、深 408 mm。

（5）为了便于主机的安装，底盒预埋时以底盒左右两面平墙面，上下螺丝孔高于墙面，如

图 7-16 所示。

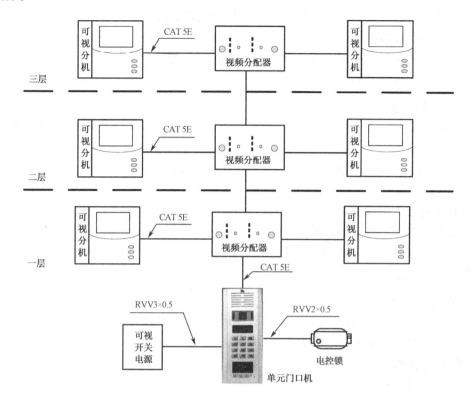

图 7-15 安装一个单元可视对讲系统的拓扑图

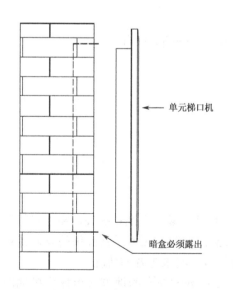

图 7-16 安装单元梯口机

步骤 2：安装联网控制器。联网控制器箱体可以预埋或者壁挂，一般设在梯口的弱电箱里或附近。

步骤 3：安装电源。电源箱可以预埋或者壁挂，一般设在梯口的弱电箱里或附近。

步骤 4：安装电锁。

各种不同类型的电锁请根据说明书进行安装；如果是断电开锁的阴体锁类型，建议给电锁独立配电源，另外加配开锁器。

步骤 5：安装室内机。室内机一般是挂接板壁挂方式安装（详见下节楼内安装部分）。

2）连接线路

单元楼梯间接线如图 7-17 所示。

步骤 1：在弱电箱内先理出梯口机、分支保护器，每组线包括电源线、信号线和视频线。

步骤 2：连接 4 组联网器线。

（1）单元布线垂直子系统的进线：信号线、视频线；

（2）单元布线垂直子系统的出线：信号线、视频线；

（3）连到梯口机线：信号线、视频线、电源线；

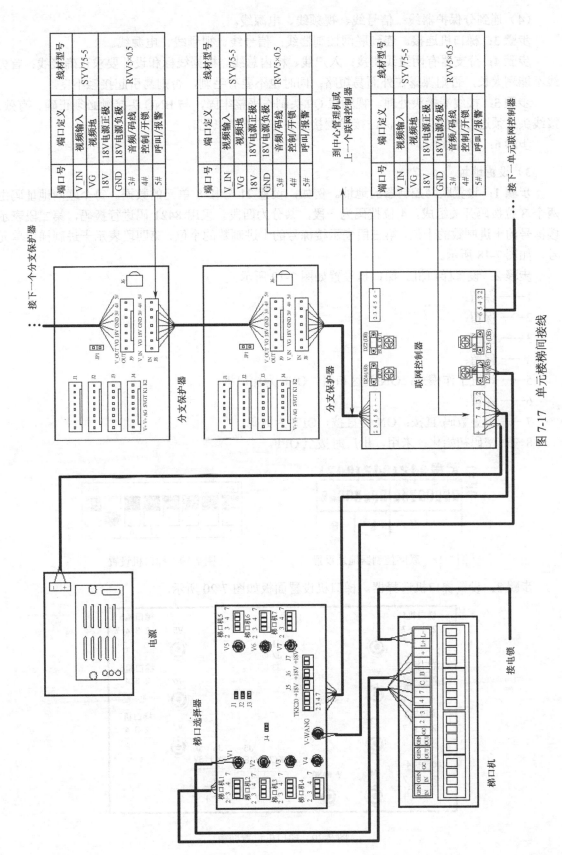

图 7-17 单元楼梯间接线

端口号	端口定义	线材型号
V_IN	视频输入	SYV75-5
VG	视频地	
18V	18V电源正极	
GND	18V电源负极	
3#	音频/码线	RVV5×0.5
4#	控制/开锁	
5#	呼叫/报警	

端口号	端口定义	线材型号
V_IN	视频输入	SYV75-5
VG	视频地	
18V	18V电源正极	
GND	18V电源负极	
3#	音频/码线	RVV5×0.5
4#	控制/开锁	
5#	呼叫/报警	

端口号	端口定义	线材型号
V_IN	视频输入	SYV75-5
VG	视频地	
18V	18V电源正极	
GND	18V电源负极	
3#	音频/码线	RVV5×0.5
4#	控制/开锁	
5#	呼叫/报警	

（4）连到分保护器线：信号线、视频线、电源线。

步骤 3：梯口机连接。连到联网控制器线：信号线、视频线、电源线。

步骤 4：分支器有两组线要接：入户线、楼内总线。根据线标和设计要求正确接线：首先线不能剥太长，否则裸露在外面易短路；同时也不要有毛刺，否则易引起接触不良。

步骤 5：接线端接头处理。视频线 Q9 头制作平整牢固，与 BNC 头接触必须正确、有效；接线头必须进行焊锡处理，保证接线端接触良好，不易氧化。

步骤 6：做好线标。

3）设置地址

步骤 1：设置联网控制器的地址。例如，设置 21 号楼 8 单元的数据。每个联网地址码由两个 8 位拨码开关组成，4 位拨码为一段，共分为四段。采用 8421 码进行拨码，第二段表示楼栋号的十进制数的十位，第三段表示楼栋号的十进制数的个位，第四段表示十进制梯口单元号，如图 7-18 所示。

步骤 2：设置梯口机。梯口机设置如图 7-19 所示。

1——保留；

2——保留；

3——保留；

4——保留；

5——设置工作模式：ON 为区口机，OFF 为梯口机；

6——保留；

7——设置数码/直按：ON 为直按，OFF 为数码；

8——密码初始化：未用，出厂时拨至 OFF。

图 7-18 联网控制器地址设置

图 7-19 梯口机设置

步骤 3：设置梯口机选择器。梯口机设置面板如图 7-20 所示。

图 7-20 梯口机设置面板

（1）设置梯口机的数量：跳线 J1、J2、J3 用于配置梯口机数量，J1、J2、J3 不能同时为 OFF，数码设置采用 8421BCD 编码方式，设定范围为 1～3（例如：J1-ON、J2-ON、J3-OFF 则设置为 3 台，J1-ON、J2-ON、J3-ON 则设置为 7 台）。

（2）设置间隔时间：间隔时间是指在选择监控主机的过程中，从关闭上一台主机起到打开下一台主机止，这段停顿时间的最大允许值。间隔时间由 PCB 板上的跳线 J4 设定，设定值为 4 A 或 6 s，建议间隔时间设为 6 s，出厂默认设定值为 4 s（例如：J4-ON 则设置为 4 s，否则设置为 6 s）。

步骤 4：设置分支保护器。分支保护器设置面板如图 7-21 所示。

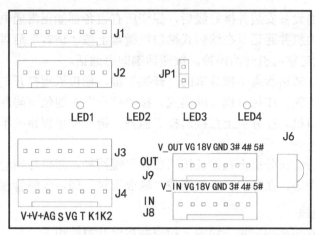

图 7-21　分支保护器设置面板

（1）检测分机状态。分配器上电后，首先自动检测各分机的状态，并看 LED 灯指示：检测第 1 路分机，如果第 1 路分机入户线短路，则 LED1 灯闪三次（灭的时间长于亮的时间）；如果第 1 路分机摘机，则 LED1 灯闪三次（亮的时间长于灭的时间）；如果第 1 路分机正常，则 LED1 灯闪一次。同样原理检测其他路分机。

（2）设置分机号。上电自检完毕后分配器进入"机号设置允许"期间，可进行分机号设置，采用红外遥控器对准 J6 设置（J6 为红外接收器）。

➤ 按下"#"键，四个灯全部亮起，进入地址设置状态。

➤ 设置第 1 路分机：依次输入第 1 路分机的四位房号，每输入一位，LED1 灯闪一下；四位号码输入完毕后，按"#"键，若 LED1 灯灭，则第 1 路分机机号设置完毕。

➤ 依次设置第 2、3、4 分机，当所有 LED 灯灭后，设置完毕。

说明：分配器在允许机号设置期间仍可支持正常的对讲工作。当输入错误或按"*"号键时将退出机号设置，此时 LED 灯全熄灭；如果在"机号设置允许"期间，要重新进入设置，可再按下"#"键。在无按键输入的 60 秒后，将退出"机号设置允许"，无法再对分机进行机号设置；若要进行设置，必须重新上电。可只设置其中的前几路分机。

例如：#0805#0806#0807#0808#

（3）号码分配机制：

➤ 编码式梯口机：注意在同一单元内分配器设置地址时，不能设成同样的房号（例：#0805#0805#0805#0807#）。

➤ 直按式梯口机：分配器支持两种分配方式，

第一种方式是分机在同一层。例如，分配器分配四路分机，分配的分机 805、806、807、808 在同一层，此时必须分配 805 在 1 路，806 在 2 路，807 在 3 路，808 在 4 路。

第二种方式是分机在两层，每层两个分机。例如，分配的分机 805、806；905、906 分别在两层，此时必须分配 805 在 1 路，806 在 2 路，905 在 3 路，906 在 4 路。

步骤 5：室内机设置。

室内机一般无须设置，当分支保护器安装完毕并设置好房号后，把室内机直接挂在分配器端口上即可（如 0101 接到分配器 J1 上，0102 接到分配器 J2 上）。

4）功能测试

（1）通电测试。当设备安装并接好线后，保证所有设备都能正常通电。

（2）梯口机呼室内机并通话。在编码式梯口机键盘上按"访客"后再按 0101（直按式梯口机按对应房号），此时室内机开始振铃，按通话键即可通话。

（3）室内机开锁。通话状态下按分机的"开锁"键，梯口机则打开电锁。

（4）梯口机密码开锁。在梯口机（编码式）按"住户"＋四位密码则打开电锁。

（5）分机监视梯口机。在分机上直接短按"监视"键（非可视系统不具有此功能），即可打开梯口机视频。

（6）分机呼叫中心。在分机上直接长按"监视"键两秒，即可呼叫管理中心。

（7）梯口机呼叫中心。在梯口机上直接按"物业"键，即可呼叫管理中心。

5）固定设备、理线

固定设备，保证安装必须牢靠、稳固，检查并核对线材标识。

【注意事项】

（1）安装可视梯口主机时应充分考虑摄像机镜头的逆光和背光现象对视频图像的影响；

（2）如发现以上功能有一项不能实现，请仔细检查线路及电源是否接好，分机房号是否设对。

实训三　安装调试楼内设备

【实训目的】

学会安装非可视对讲主机。

【实训要求】

完成对讲主机的安装。

【实训拓扑】

安装调试楼内一个单元对讲设备的拓扑图如图 7-22 所示。

【实训设备、材料和工具】

可视分机、联网控制器、电源、分支保护器。

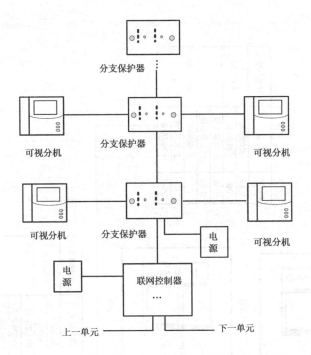

图 7-22　安装调试楼内一个单元对讲设备的拓扑图

【实训步骤】

步骤 1：安装设备。

（1）安装楼内电源。电源箱可以预埋或者壁挂，一般设在梯口的弱电箱里或附近。

（2）安装分支保护器。分支保护器采用壁装方式或者直接放入弱电箱内固定。

（3）安装室内机。

➢ 将室内机的挂接板先固定于墙上；

➢ 将入户线引至室内机接口端子；

➢ 将室内机固定于挂接板上。

步骤 2：连接线路。连接线路如图 7-23 所示。

（1）联网器与分支保护器连接；

（2）分支器与分支器连接；

（3）分支器与室内机连接。

注意：

➢ 根据线标和设计要求正确接线。

➢ 线首先不能剥太长，否则裸露在外面易短路；同时也不要有毛刺，否则易引起接触不良。

（4）接线端接头处理：视频线 Q9 头要制作平整、牢固，与 BNC 头接触必须正确、有效；接线头必须进行焊锡处理，保证接线端接触良好，不易氧化。

步骤 3：设置地址。

地址设置可参考本章"实训二　安装调试梯口设备"中的"设备安装调试"部分。楼层号、分支器编号和层号房号示例如表 7-2 所示。

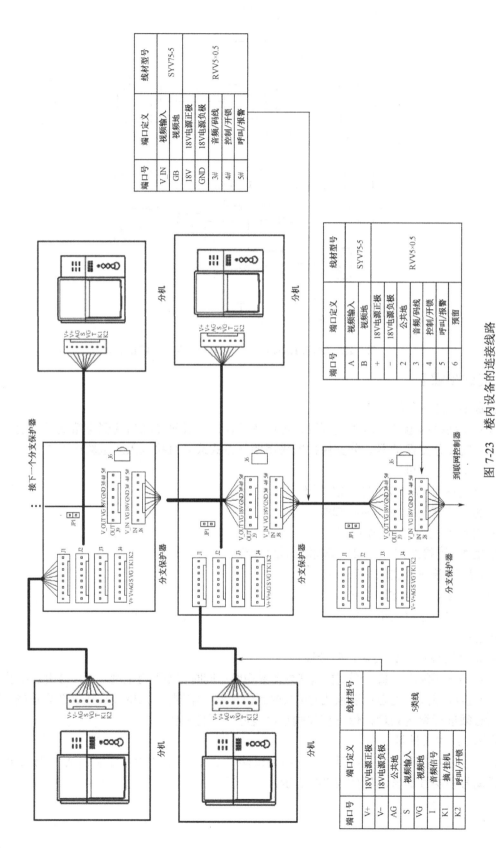

图7-23 楼内设备的连接线路

端口号	端口定义	线材型号
V_IN	视频输入	SYV75-5
GB	视频地	
18V	18V电源正极	
GND	18V电源负极	RVV5×0.5
3#	音频/码线	
4#	控制/开锁	
5#	呼叫/报警	

端口号	端口定义	线材型号
A	视频输入	SYV75-5
B	视频地	
+	18V电源正极	
−	18V电源负极	
2	公共地	RVV5×0.5
3	音频/码线	
4	控制/开锁	
5	呼叫/报警	
6	预留	

端口号	端口定义	线材型号
V+	18V电源正极	
V−	18V电源负极	
AG	公共地	
S	视频输入	
VG	视频地	5类线
I	音频信号	
K1	端/住机	
K2	呼叫/开锁	

表 7-2　楼层号、分支器编号和层号房号示例

楼层号	分支器编号	层　号　房　号	
1	001	0101	0102
2		0201	0202
3	002	0301	0302
4		0401	0402
5	003	0501	0502
6		0601	0602
注：1 单元 6 层 12 台室内分机，用 3 片 4 分支保护器即可			

步骤 4：调试。

（1）通电测试。当设备安装完毕并接好线后，应保证所有设备都能正常通电。

（2）梯口机呼室内机并通话。在编码式梯口机键盘上按"访客"后再按 0101（直按式梯口机按对应房号），此时室内机开始振铃，按通话键即可通话。

（3）室内机开锁。通话状态下按分机的"开锁"键，梯口机则打开电锁。

（4）梯口机密码开锁。在梯口机（编码式）按"住户"键＋四位密码则打开电锁。

（5）室内机监视梯口机。在分机上直接按"监视"键（非可视系统不具有此功能），打开梯口机视频。

步骤 5：固定、理线。

调试成功后，固定设备，保证安装必须牢靠、稳固，检查并核对线材标识。

注意：

➢ 分支保护器接分机时，接线端子要跟分机房号对应起来；

➢ 分支保护器要先检测分机状态，正常状态下才能工作；

➢ 分支保护器对于直按梯口机和编码式梯口机的分配机制有所不同，需要区分。

实训四　安装调试一个区口一栋楼多单元对讲系统

【实训目的】

学会安装一个区口一栋楼多单元对讲系统。

【实训要求】

学会安装调试中心管理机、区口机、区口接入器、集线器等设备。

【实训拓扑】

安装调试一个区口一栋楼多单元对讲系统的拓扑图如图 7-24 所示。

【实训设备、材料和工具】

中心管理机、区口机、区口接入器、联网控制器和电源等。

【实训步骤】

步骤 1：安装设备。

（1）安装联网控制器。联网控制器箱体可以预埋或者壁挂，一般设在梯口的弱电箱里。

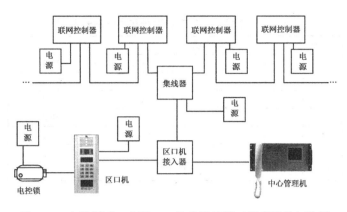

图 7-24　安装调试一个区口一栋多单元楼对讲系统的拓扑图

（2）安装集线器。集线器箱体可以预埋或者壁挂，一般设在管理中心或者现场梯间的弱电箱里。

（3）安装中心管理机。中心管理机采用机架嵌入式安装。

（4）安装区口机。区口机的安装方式与梯口机基本相同。

步骤 2：连接线路。

（1）了解这部分线路所包括的设备之间的连线：

➢ 联网器与联网器之间的连线；

➢ 联网器与集线器之间的连线；

➢ 集线器与区口机接入器之间的连线；

➢ 区口机接入器与区口机之间的连线；

➢ 区口机接入器与中心管理机的连线。

注意：根据线标和设计要求正确接线。线首先不能剥太长，否则裸露在外面易短路；同时也不要有毛刺，否则易引起接触不良。

连接线路如图 7-25 所示。

（2）接线端接头处理。视频线 Q9 头要制作平整、牢固，与 BNC 头接触必须正确、有效；接线头必须进行焊锡处理，保证接线端接触良好，不易氧化。

（3）做好线标。

实训五　多出口多层小区对讲系统

【实训目的】

理解多出口多层小区对讲系统的设备选型、布线方式和线材选择方法。

【实训场景】

某一小区，有 3 个小区出入口，小区内共有 19 幢楼，均为 6 层。其中 14 幢楼的每幢楼均为 3 个单元，一梯 2 户；其余 5 幢楼的每幢楼均为 2 个单元，一梯 3 户。

【工程拓扑】

多出口多层小区对讲系统的楼房布局如图 7-26 所示。

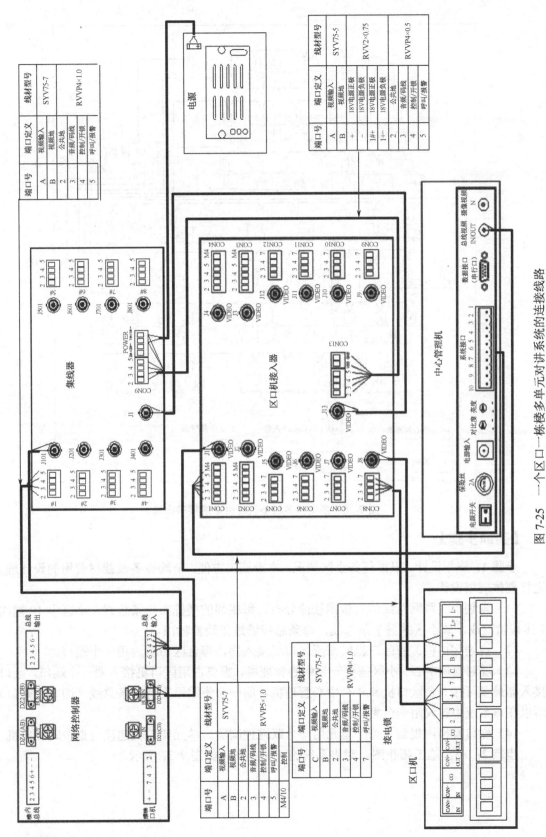

图 7-25 一个区口一栋楼多单元对讲系统的连接线路

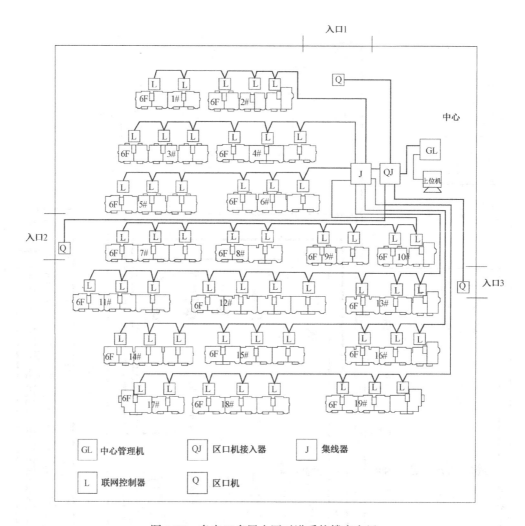

图 7-26　多出口多层小区对讲系统楼房布局

【实训步骤】

步骤 1： 规划设计。根据任务小区情况，本着施工方便，节约设备及线材费用的设计理念，进行整体规划设计。

（1）规划小区联网总线体。根据楼幢分布，每相邻的楼栋布一条总线，小区中 19 幢楼由 7 排楼幢组成，该小区共需 7 条总线，每条总线通过集线器输出。

（2）规划区口机。有区口机时需要区口机接入器，每台区口机占用一个端口。

（3）规划管理中心。小区需要一台中心管理机，需要占用区口机接入器一个端口。区口机接入器最多可接 8 台区口机和 4 台中心管理机，而一台集线器支持 8 条总线（即 8 个端口），所以在该系统中建议用一台集线器。

（4）梯口及楼内规划。每个单元用一台联网控制器。单元梯口机建议用直接式梯口机。

步骤 2： 画出施工拓扑图。对讲系统施工拓扑图，如图 7-27 所示。

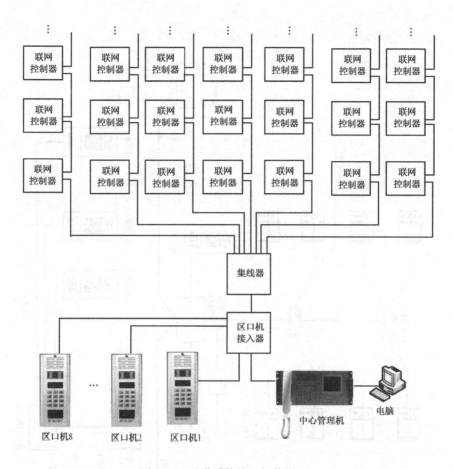

图 7-27　对讲系统施工拓扑图

步骤 3：选择线材。根据对讲系统施工拓扑图，提出建议使用的线材型号，如图 7-28 所示。

实训六　高层少户型小区对讲系统

【实训目的】

理解高层少户型小区对讲系统的设备选型、布线方式和线材选择方法。

【实训场景】

某一小区，有 3 个小区出入口，小区内共有 8 幢 32 层的高楼，每幢楼只有一个单元，且一梯 7 户，每幢楼有 3 个出入口，分别为地下室 1、2 层。小区楼房布局如图 7-29 所示。

【实训步骤】

步骤 1：总体设计。根据小区情况，本着施工方便，节约设备及线材费用的设计理念，进行总体设计。

（1）规划小区联网总体布局。根据楼幢分布，每相邻的楼栋布一条总线，小区中 8 幢楼由 2 排楼幢组成，可用两条总线，每条总线通过集线器输出。

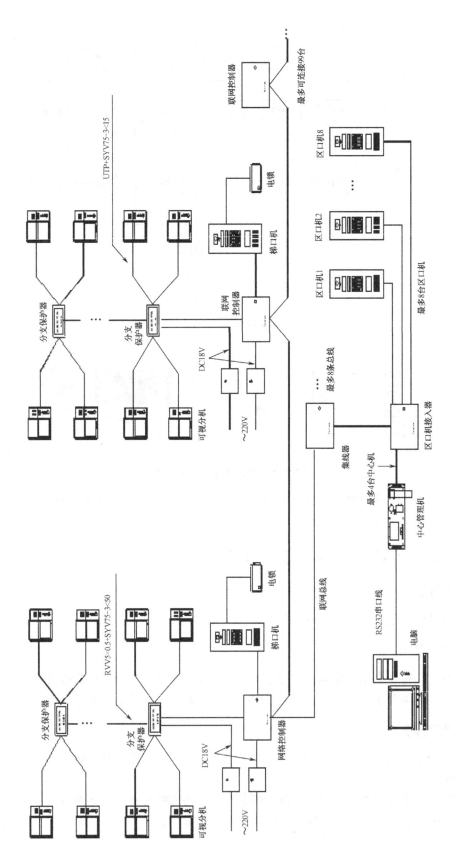

图 7-28　建议使用的线材型号

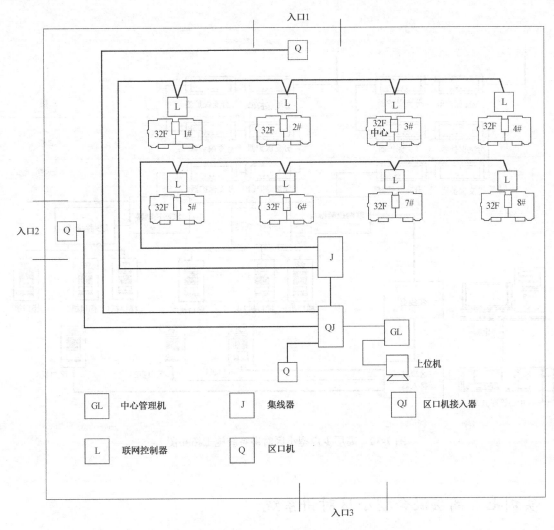

图 7-29　高层少户型小区对讲系统的小区楼房布局

（2）规划区口机。要接区口机，必须先接区口机接入器，每台区口机占用一个端口，输出端口越靠近中心越好。

（3）规划梯口机。每栋楼安装一台梯口主机，地面主入口安装一台梯口主机。

（4）规划管理中心。小区需要一台中心管理机，它占用区口机接入器一个端口。区口机接入器最多可接 8 台区口机和 4 台中心管理机，而一台集线器支持 8 条总线（即 8 个端口），所以在该系统中建议用一台集线器。

（5）规划梯口及楼内。每个单元用一台联网控制器，单元梯口用编码式梯口机。

步骤 2：画出施工拓扑图。该对讲系统施工拓扑图如图 7-30 所示。

步骤 3：选择线材。根据对讲系统施工拓扑图，选择出建议使用的线材型号，参见图 7-28。

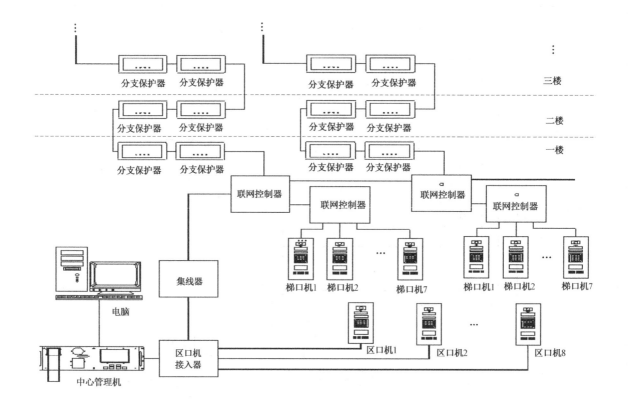

图 7-30　高层少户型小区对讲系统施工拓扑图

实训七　高层混合型小区对讲系统

【实训目的】

理解高层混合型小区对讲系统的设备选型、布线方式和线材选择方法。

【实训场景】

某一小区，有 2 个小区出入口，小区内共有 5 幢 32 层的高楼，每幢楼只有一个单元，其中 1#、2#、3#三幢楼每单元一层 8 户，4#、5#两幢楼每单元一层 24 户。每幢楼有 3 个出入口，分别为一层 2 个主出入口各一台梯口主机，地下层一台梯口主机。小区楼房布局如图 7-31 所示。

【实训步骤】

步骤 1： 总体设计。

（1）设计原则。根据小区情况，本着施工方便，节约设备及线材费用的设计理念进行总体设计。

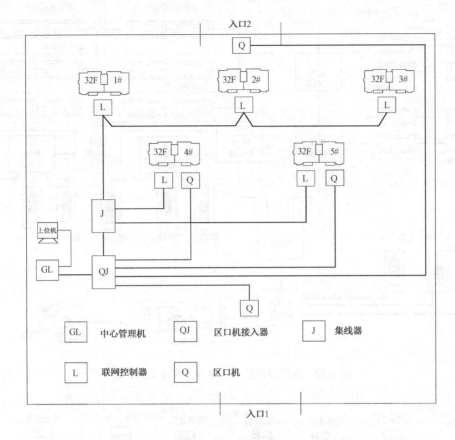

图 7-31 高层混合小区楼房布局

（2）规划小区对讲系统布线。根据楼幢分布及楼内规划，每相邻的楼栋布一条总线。小区中 5 幢楼由 2 排楼幢组成：1#、2#、3#三幢楼拉一条联网总线；4#、5#两幢楼以楼层为单位用联网控制器，所以每幢楼要拉一条总线。整个小区要用三条总线，每条总线通过集线器输出。

（3）规划区口机。区口机要先接区口机接入器，每台区口机占用一个端口，输出端口越靠近中心越好。

（4）规划管理中心。小区需要一台中心管理机，它占用区口机接入器一个端口。区口机接入器最多可接 8 台区口机和 4 台中心管理机，而一台集线器支持 8 条总线（即 8 个端口），所以在该系统中建议用一台集线器。

（5）规划梯口及楼内。1#、2#、3#三幢楼每单元用一个联网控制器和一台梯口机；4#、5#两幢楼每层用一个联网控制器，门口改用区口机。

步骤 2：画出施工拓扑图。根据总体设计，画出高层混合型小区对讲系统施工拓扑图，如图 7-32 所示。

步骤 3：选择线材。根据对讲系统施工拓扑图，选择建议使用的线材型号，如图 7-33 所示。

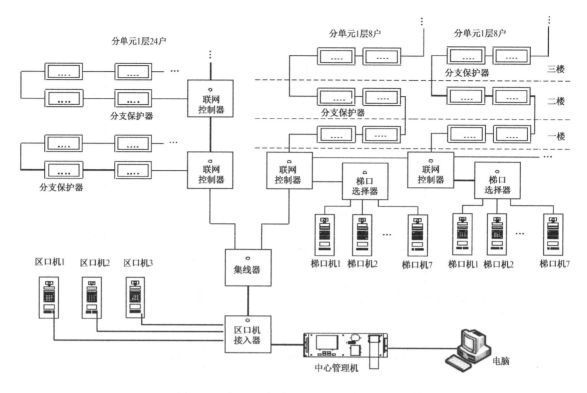

图 7-32　高层混合型小区对讲系统施工拓扑图

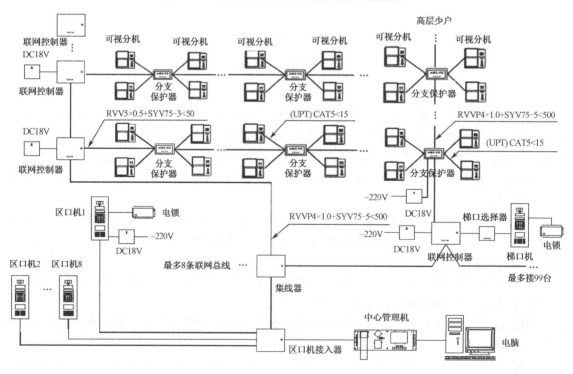

图 7-33　建议使用的线材型号

7.6　对讲系统故障排除

现场故障处理反映技术人员对系统或产品的了解和经验的积累。故障处理的过程一般为"一看""二测""三分析"：很多问题是看一看就能看出来的，在看不出来的时候可以对设备及系统工作状态进行检测，检测之后对检测数据进行分析，确定故障的原因并做出相应解决方案。

7.6.1　常见故障及处理

对讲系统常见故障及其维修方法如下：

（1）现象：系统不工作。

分析原因：查系统电源的指示灯是否正常亮，查主机电源直接是否接错。

解决办法：电源灯不亮可能是没通电，检查交流 220 V 是否接通，开关是否打开；正确接好电源。

（2）现象：不能报警。

① 所有用户均不能报警。

分析原因：查门口机至管理机的联网线是否按图正确接好，主机是否接好。

解决办法：正确按图接好联网线。

② 某个用户不能报警。

分析原因：查该用户分机及解码器至主线部分及分机本身是否正常。

解决办法：按图正确接好线并换一台好机测试。

（3）现象：输入某住户楼栋号、房间号，主机有回铃声，但相应分机不响铃。

分析原因：解码号、房间号未编好，可以按下该用户分机报警键检查报到管理处的号码；如果号码不对，需要重新编号并检查接线是否已经接上。

解决办法：按照说明书正确地编好解码器号及房间号，将连接线正确插上。

（4）现象：所有用户分机不能对讲。

分析原因：查门口机至解码器及解码器至用户分机音频线是否接错。

解决办法：按接线图正确接好传输线。

（5）现象：某个用户分机不能对讲。

分析原因：查解码器输出端口至用户分机音频线是否接错。

解决办法：按接线图正确接好传输线。

（6）现象：不能开锁。

① 所有用户不能开锁。

分析原因：检查门口机至电源以及至电锁的接线是否接好，电锁是否匹配（是否是高电平开锁）。

解决办法：可使用密码方式开锁，如果能打开电锁，证明门口机至电锁通道没有问题，要查主线至解码器线路。

② 某个用户不能开锁。

分析原因：查该用户分机至解码器部分及分机本身是否正常。用一台好机替换，测试是否正常；如果不正常，检查接线是否正确。

（7）现象：门口主机不能呼叫某户分机。

① 门口主机不能呼叫某单户分机，说明主机没有问题，首先检查分机是否有电，工作电压是否正常。

② 分机编码地址和门口主机呼叫的号码是否一致，重新编一次地址。

③ 检查线路是否畅通，有无短路、断路。尤其是新项目调试时，很多线路在布线检测没问题，但后期在土建或内部装修过程中被切断或短路。检测时，必须每芯线都做短路、断路检测，保证信号传输畅通。

④ 数据视频分配器端口工作是否正常，可以把此路分机线插在其他测试好的端口试一下：如果工作正常，则是分配器端口问题；如果还不行，则更换一台分机试试。

⑤ 检查同一单元内是否有编同一号码的分机。

7.6.2 非可视对讲系统常见故障及排除

非可视对讲系统常见故障分析与排除如表7-3所示。

表7-3 非可视对讲系统故障分析与排除

序号	故障现象	分析原因	解决办法
1	按键灯不亮	主机电源线没插紧或忘记插	拆下主机，插紧电源线
		系统电源未打开	打开系统电源
2	上电时数码管无显示提示	按键板未插，或按键板排线未插上或已插上但接触不良	检查按键板排线是否插上
3	主机呼不通管理中心	主机没有连接主机联网器	按要求连接
		主机与主机联网器之间线路有问题	检查线路
		主机联网器与管理中心之间线路有问题	检查线路
4	主机呼通管理机或分机无声音	主机上咪头连接线是否松动	插紧咪头连接线
		主机没有按要求接在与其对应编号的联网器端子上	按要求连接（如：主机对应主端口，1号从机对应1号从端口）

7.6.3 数字分机故障分析与排除

如果数字分机工作不正常，则断电后按表7-4所示检查和排除故障。

表7-4 数字分机故障分析与排除

序号	故障位置	故障现象	分析原因及解决方法
1	电源故障	不开机	检查室内机、电源、插座是否正确连接，室内机网线插口LED灯是否亮
2	网络连接故障	长时间显示"联网中"	检查室内机和门口机设置是否正确，室内机和门口机之间的路由工作是否正常，各网线插头是否完好
		呼不通管理中心	检查管理中心软件是否在计算机上正确安装及运行，检查管理中心能否连接到各个门口机
		单元门口机呼不通室内机	检查房号设置是否正确，或者重新设置房号后重新启动
		围墙门口机呼不通室内机	检查房号设置是否正确，或者重新设置房号后重新启动，检查围墙机的连接是否正确
		呼不通其他住户	检查楼栋号、房号、室内机号是否输入正确

序号	故障位置	故 障 现 象	分析原因及解决方法
3	图像故障	通话或监视时无图像	检查门口机摄像头是否工作正常
		通话时图像模糊	检查门口机镜头窗口是否脏污,必要时清洗
4	音频故障	呼叫无铃声	检查铃声设置是否正确,必要时增大铃声音量设置
		通话无声音	检查室内机通话音量是否调至最小
		通话音量小	通话时调节通话音量
5	防区设防故障	设防后各防区不报警	检查安防设备有没有正确连接到室内机
		防区误报警	检查各种传感器是否工作正常
6	其他故障	触摸位置错乱	重新上电后,进入系统设置下的屏幕校正界面,校正后是否恢复正常
		接收不到个人信息	管理中心服务器是否正确接入管理网络,管理中心正确在计算机上安装
		接收不到小区公告	管理中心服务器是否正确接入管理网络,管理中心正确在计算机上安装

第8章　停车场管理系统

停车场（库）管理系统是对停车场的车辆通行道口实施出入控制、监视、行车信号指示、停车计费及车辆防盗报警等的综合管理系统。

停车场（库）管理系统由读卡机、自动出票机、闸门机、感应线圈（感应器）、满位指示灯及计算机收费系统等组成。本章介绍停车场管理系统的组成及主要设备安装方法。

8.1　停车场管理系统概述

8.1.1　停车场管理系统的特点

停车场管理系统的目的，是为了实现车辆进出停车场的自动化管理。该系统集感应式 IC 卡技术、计算机网络技术、视频监控技术、图像识别与处理技术和自动控制技术为一体，以车辆身份识别、出入控制、图像摄取及对比、车位检索、费用标准、计算核查、车牌判断等手段进行有效、科学、可靠的自动化管理。

停车场系统根据功能可分为豪华型停车场系统、标准停车场系统、节约型停车场系统、车辆管制系统等。豪华型停车场系统包括停车场系统中所有功能，并且具备远距离读卡识别或车牌自动识别等高端功能；标准型停车场系统则包含标准的停车场收费以及图像对比等常用功能；节约型停车场系统则完成刷卡有效开闸放行的停车场基本功能；车辆管制系统是企业、政府机关或部队等对车辆使用申请并配合自动放行的管理系统,同时支持外来临时车辆的收费功能。

智能停车场系统与传统的手动管理系统比较，具有以下特点：

➢ 减少人为工作，使用方便快捷；
➢ 系统灵敏可靠；
➢ 设备安全耐用；
➢ 能准确地区分月卡车辆、时租卡车辆和临时车辆；
➢ 防止拒缴停车费事件发生，防止收费人员徇私舞弊和乱收费；
➢ 自动设计，车辆出入快速，提供优质、高效和安全的泊车服务；
➢ 节约传统的车辆停车卡；
➢ 节约管理人员的费用支出，提高工作效率和经济效益；
➢ 记录和保存车辆的出入资料，可随时查询和打印报表。

8.1.2　停车场控制设备

1. 设备组成

停车场出入口控制设备（道闸）如图 8-1 所示。它是用于接收车辆出入凭证识别信息或者其他控制信息，经过运算、认证、校验等分析处理，给相应执行机构发出执行命令信息，并可将车辆出入管理数据传递到停车场中央管理部分的设备。

图 8-1　停车场道闸

　　停车场控制设备主要由控制部分和电源部分组成，也可与识读部分、车辆检测器、发/收车辆出入凭证装置、提示部分、对讲及其他辅助设备、扩展接口等中的一个或多个组合成整体设备。

　　停车场出入口控制设备的组成如图 8-2 所示。

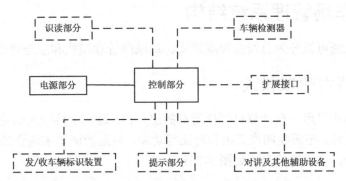

图 8-2　停车场出入口控制设备组成

2. 出入口设备

　　停车场出入口设备由出入口机（如图 8-3 所示）、道闸系统（如图 8-4 所示）、地感线圈、车辆检测感应系统（如图 8-5 所示）和车辆检测器远距离蓝牙读写感应系统（如图 8-6 所示）等组成。

图 8-3　出入口机

图 8-4　道闸系统

图 8-5　车辆检测感应系统　　　　　　　图 8-6　蓝牙读写感应系统

8.2　停车场管理系统结构

停车场管理系统可以分为总线型管理模式、局域网管理模式和综合管理模式。

8.2.1　总线型管理模式

总线型管理模式只用一台计算机管理所有的出入口，适合于持卡人都是固定车主，并且不收费或都是按月收费，不需要图像抓拍和对比等功能，只是验证车主的合法性，防止外来车辆随便进入的停车场。该模式停车场如图 8-7 所示。

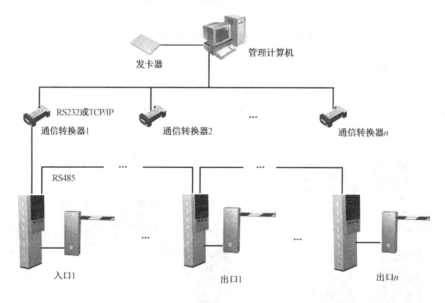

图 8-7　总线型管理模式停车场

总线型管理模式停车场是自动运行的，不需要管理人员干预，系统自动验证车主合法性，自动记录车辆的出入记录和时间等。这种模式的停车场系统也称为节约型停车场系统，成本也是最低的。节约型停车场有标准短距离读卡和中远距离读卡两种。

8.2.2 局域网管理模式

局域网管理模式用于大型停车场，适合有临时收费、对车辆出入管理比较严格的场合，其组合形式非常灵活，对本系统的各种功能都可以根据需要选配，达到整个系统性价比最优的配置。局域网管理模式停车场如图 8-8 所示。

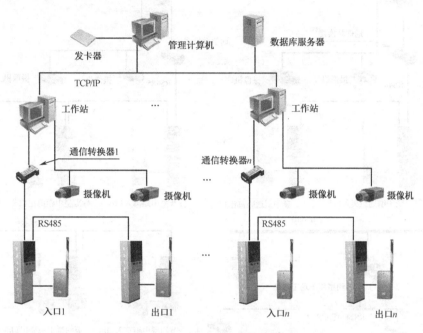

图 8-8　局域网管理模式停车场

在局域网管理模式中，每个出口设置一台电脑，用于计算停车费用和图像对比等；如果几个出口相隔比较近，管理人员收费操作方便的话，也可以几个出口公用一台电脑。入口连接到任何一台管理电脑进行管理都可以；但如果系统选择了图像抓拍功能，那么每台电脑最多只能管理两进两出。如果要节省投资，数据库服务器可以由某一台出口管理电脑来兼负其功能，一进一出的门口则只用一台电脑便可管理，这种模式有豪华停车场系统和标准停车场系统两种，功能齐全。

8.2.3 综合管理模式

综合管理模式是总线管理模式和局域网管理模式综合应用在同一个停车场系统中。综合管理模式的停车场如图 8-9 所示。

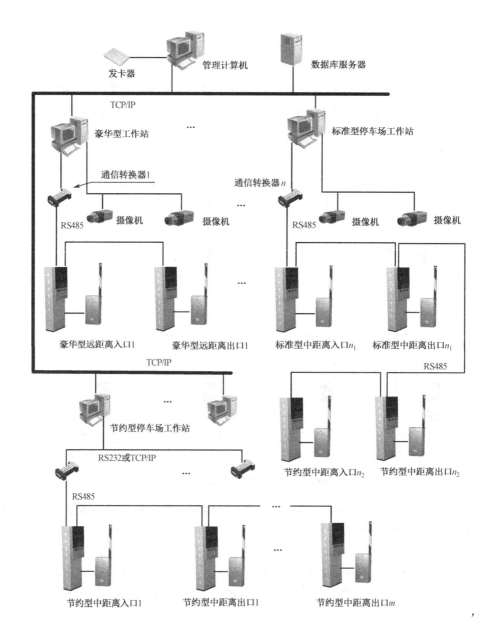

图 8-9　综合管理模式停车场

8.3　停车场管理系统工作流程

1. 入口工作流程

入口工作流程如图 8-10 所示。

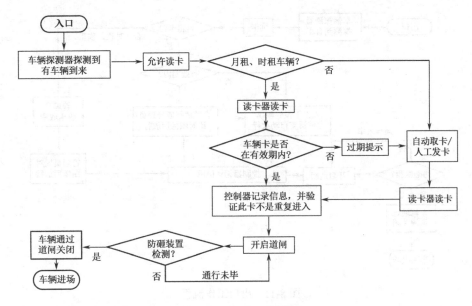

图 8-10　入口工作流程

1）月卡、时租卡

（1）入口机读卡器读取月卡或时租卡信息。

（2）卡有效时，蜂鸣器发出长鸣声音，道闸自动抬杆，LED 显示屏显示"欢迎光临"及语音提示等信息。车辆入场后，道闸自动关闭。

（3）对于无效卡，蜂鸣器发出短促的声音或蜂鸣器发出长鸣声但显示无效信息，不允许车辆入场。如果想入场，必须与管理中心联络，由保安/管理员用管理卡或临时卡控制入场。

（4）管理电脑自动记录入场信息（卡号、时间、图像等）。

2）临时卡

（1）司机按入口的取卡按钮，取卡并读卡（取卡的同时自动读卡）。

（2）管理电脑自动记录入场信息（卡号、时间、图像等）。

（3）道闸自动抬杆，LED 显示"欢迎光临"及相应的语音提示。车辆入场后，道闸关闭。

3）管理卡、特权卡

下列情况下管理员可使用管理卡、特权卡：

（1）月卡过期，或余额不足；

（2）公安、部队等特殊车辆要进入。

2．出口工作流程

出口工作流程如图 8-11 所示。

1）月卡

（1）出口机读卡器可读取月卡，管理电脑自动识别。

（2）根据系统设置，可由系统自动放行；或者由电脑联运提供车牌、出入口图像等，由保安/管理员核实后放行。

（3）道闸执行放行自动抬杆，LED 显示屏显示"一路平安"。车辆出场后，道闸自动关闭。

（4）读出无效卡时自动提示原因，由保安/管理员使用管理卡或特权卡控制出场。

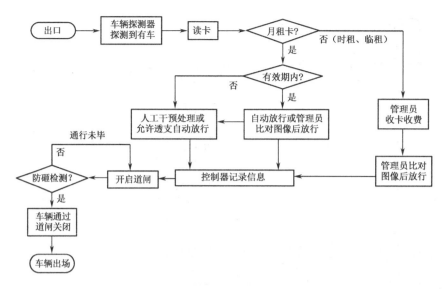

图 8-11　出口工作流程

2）时租卡、临时卡

（1）司机或保安/管事员读卡，软件根据入场时间和收费标准自动计费，并显示收费金额和入场时的图像等相关信息，同时在 LED 显示屏上显示"收费 XX 元"。管理员确认车辆安全后，收到费用，通过电脑或遥控开关开闸，ELD 显示"一路平安"。车辆出场后，道闸自动关闭。

（2）时租卡主要由司机保留带走，临时卡则由保安收回。

8.4　停车场控制设备技术要求

停车场管理系统应能根据建筑物的使用功能和安全防范管理的需要，对停车场的车辆通行道口实施出入控制、监视、行车信号指示、停车管理及车辆防盗报警等综合管理。

8.4.1　外观及机械结构要求

1）设备外观

停车场控制设备的外观应满足以下要求：

（1）机箱及结构件的外观，不应有明显的凹凸不平或划伤，无裂纹、尖锐的边角、毛刺和锈蚀等缺陷。涂覆层应有良好的附着力，表面色泽应均匀一致、平整光滑、无修整后痕迹和明显杂质。金属镀件不应有锈蚀、起泡及镀层脱落等现象。

（2）外壳面板上所有文字、符号应清晰、正确，易于识别。

2）设备功能操作区域位置要求

为便于使用者操作，停车场出入口控制设备功能操作区域位置、推荐高度如表 8-1 所示。

3）标志

停车场设备要有清晰、牢固的标志。标志应包括以下内容：

➢ 规格型号；

➢ 制造厂商的名称或商标；

> 其他必要的提示符号，如安全警示符号、安全接地符号等；
> 电源的性质及极性；
> 供电电压的额定值；
> 端子的性质及功能。

表 8-1　设备功能操作区域位置、推荐高度

用　途	临时车辆标识发放按钮与车辆出入凭证出入口位置的距离	呼叫按钮位置与地面之间的距离	读卡区域位置与地面之间的距离
非大型车	≥0.9 m	≥0.9 m	≥0.9 m
大型车	≥2.1 m	≥2.1 m	≥2.1 m
多车型混用	兼顾以上两类车型的进出使用条件；如条件不允许，尺寸设置通常考虑多数车型的使用条件		
注：大型车一般指载重 5 t 以上或车长 6 m 以上的车型			

如无法在设备上标注上述内容，则应在说明书中给出。

标志应不易擦除，用棉花球沾水擦拭 15 s，再用浸过汽油的布擦拭 15 s，擦拭标志要清晰可辨认。

4）机械强度

（1）承受的机械冲击强度：设备外壳应能承受对每个能正常接触到的表面施加 0.5 J 的机械冲击强度，不应产生永久的变形和损坏。

（2）设备外壳应带有锁止装置。

（3）设备内的接线端子与引线的连接应牢固、可靠，应有防止连接松动的措施。

8.4.2　功能要求

1）停车场设备基本要求

停车场设备接收识读部分传来的车辆出入凭证识别、车辆检测等信息，经过核实处理后，应具有控制执行设备允许/禁止车辆通行的功能，并具有通知相应其他设备的功能。

2）前端设备与中央管理部分连接后的功能要求

设备在连接停车场安全管理系统中央管理部分的情况下，应满足以下要求：

（1）具有初始化功能，使设备恢复到初始状态，如出厂参数；

（2）具有设备工作状态的自检及相应的指示功能；

（3）应能通过中央管理部分对设备进行时钟校准；

（4）支持通过识读部分识别一种及以上车辆出入凭证；

（5）及时向中央管理部分上传出入事件、设备状态等信息；

（6）接收并执行中央管理部分发出的授权、控制、设备设置等指令。

3）设备独立工作要求

设备在脱离停车场管理系统中央管理部分而独立工作的情况下，应满足以下要求：

（1）符合前述前端设备与中央管理部分连接后的功能要求；

（2）设备应保存最新的车辆出入事件记录。

4）防重入重出

设备在连接中央管理部分的情况下，应具有防重入重出功能。设备在脱离中央管理部分独

立工作的情况下，要具有防重入重出功能。

5）手动开启记录

在未按规定流程识别车辆标识，或车辆标识识别失败的情况下，能手动开启挡车器，系统应自动记录发生时间、出/入通道号、操作员等信息。

6）提示

（1）发出警示事件。当停车场管理系统发生以下情况时，设备应发出警示信息：

➤ 识读到未授权的车辆出入凭证；

➤ 识读到已设定必须报警的车辆出入凭证；

➤ 未经正常操作而使出入口挡车器开启；

➤ 发车辆出入凭证装置中凭证容量不足或堵塞；

➤ 未经正常流程操作，车辆强行出入；

➤ 未经授权打开控制设备外壳。

（2）警示信息。具有提示部分的设备，应满足以下要求：

➤ 具有文字显示功能的设备应提供简体中文显示；

➤ 具有语音提示功能的应提供普通话语音提示；

➤ 支持多种语言提示功能；

➤ 听觉信号要求在距离音源正前方 0.5 m 处，出入口部分提示声压值应不低于 55 dB。

7）设备视觉/听觉提示方式

根据业务流程，推荐设备提供相应的功能性文字、图形符号显示及功能性语音提示，能对其工作状态、操作与结果、出入准许、发生事件等给出指示。提示采用视觉指示、听觉指示、物体位移指示或其组合等易于被人体感官所觉察的多种方式。

（1）视觉提示/显示。通过颜色区分发光提示的信息：

➤ 绿色：操作正确、有效、准许、放行等，也可以表示正常、安全等。

➤ 红色：用一种方式显示操作不正确、无效、不准许、不放行等，也可表示不正确；用另一种方式表示报警、发生故障、不安全、电源欠压等。

➤ 黄色：如果使用，则用以显示提醒、提示、预告、警告等类信息。

➤ 蓝色：如果使用，则用以显示准备、已进入/已离去、某部分投入工作等信息。

（2）听觉提示/显示。听觉提示通过断续、不同频率来进行；如果采用听觉与视觉复合提示，则应同步。

➤ 报警：报警时发出的声音应明显区别于其他发声；

➤ 非报警：非报警的发声可以通过断续、不同频率来提示。

8）对讲

当配置对讲设备时，要符合以下要求：出/入停车场车辆的驾驶人员通过对讲系统能与操作（或管理）人员进行及时、有效的沟通。

9）发/收车辆出入凭证

当配置发/收车辆出入凭证装置时，设备要满足以下要求：

（1）通过车辆检测器感知到车辆，才允许发/收车辆出入凭证装置发放、回收车辆出入凭证。

（2）接收到系统的指令，控制发/收车辆出入凭证装置发放、回收车辆出入凭证。

（3）采集执行设备状态信息。可获取执行设备的允许或禁止通行状态信息.

8.4.3 停车场出入口控制系统的性能要求

停车场出入口控制系统的性能要求，包括计时精度、响应时间和存储容量、电源电压、接口、安全性和环境适应性等方面。

1）计时精度

控制设备的计时精度应不低于 10 s/d。

2）响应时间

设备的响应时间应满足下列要求：

（1）从设备获取车辆出入凭证完整的识别信息开始，到向执行设备输出控制信号的时间，在自动核准的情况下不大于 1.8 s。

（2）从设备接收到取出车辆出入凭证的有效信号开始，到发出车辆出入凭证的时间，不大于 2 s。

3）存储容量

设备在脱离中央管理部分独立工作的情况下，应满足下列要求：

（1）记录容量应不小于 1 000 条；

（2）存储容量在说明书或厂家提供的技术资料中标明。

4）电源电压适应性

当使用交流市电供电时，电压在标称值的 220 V×（1±15%）范围内，设备无须调整就能正常工作。

5）接口要求

（1）设备的接口能力要满足功能配置要求，可支持有线和（或）无线传输方式，有预留扩展接口；

（2）设备要支持一种或多种电气接口，如触点信号、电压量信号等接口；

（3）设备要支持一种或多种通信接口，如 Wiegand、RS485/232/422、CAN 总线、以太网等接口。

6）安全性要求

（1）抗电强度：设置在相对湿度为 93%，温度为 40℃±2℃，48 h 的恒定湿热预处理后，设备的电源插头或电源引入端与外壳金属部件之间，应能承受电压 1.5 kV、50 Hz 的交流电压的强度，历时 1 min 应无击穿和飞弧现象。

（2）绝缘电阻：设备的电源插头或电源引入端与外壳裸露金属部件之间的绝缘电阻，在常规环境条件下应不小于 100 MΩ，在湿热条件下应不小于 5 MΩ。

（3）泄漏电流：使用交流供电的设备，其泄漏电流应不大于 5 mA（AC、峰值）。

（4）保护接地端子：设备要具有保护接地端子，保护接地端与可触及设备之间应有导电良好的导体直接连接，且接触电阻不大于 0.1 Ω。

（5）数据安全：在与中央管理部分的通信过程中，应对数据进行加密和校验处理。当电源不正常、掉电时，设备的授权信息、设备配置信息及事件记录信息不得丢失。

8.5　停车场管理系统实训

实训一　认识停车场系统

【实训目的】

了解和参观本地停车场，认识停车场设备及其构成。

【实训步骤】

步骤 1：分析一进一出停车场。一进一出停车场如图 8-12 所示。

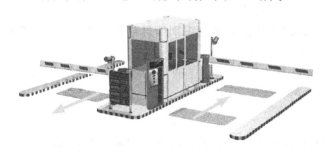

图 8-12　一进一出停车场

步骤 2：了解停车场常用设备及连接方式。停车场常用设备及连接如图 8-13 所示。

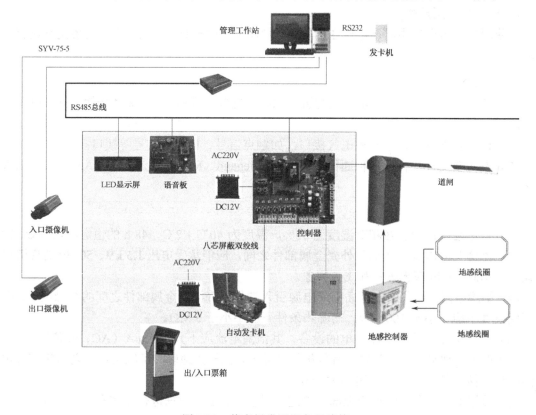

图 8-13　停车场常用设备及连接

步骤3：了解停车场布线。常见一进一出停车场布线如图 8-14 所示。

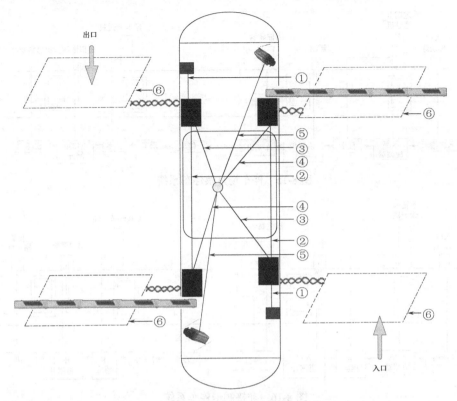

① 线管：PVC25-FC　电源线：RVV3×1.0；通信线：RVVP2×0.75 双绞线

② 线管：PVC25-FC　按钮线：RVVP6×0.5

③ 线管：PVC25-FC　对讲线：RVV4×0.5；通信线：RVVP2×0.75 双绞线；电源线：RVV3×1.0

④ 线管：PVC25-FC　电源线：RVV3×1.0；按钮线：RVVP6×0.5

⑤ 线管：PVC25-FC　聚光灯线：RVV2×1.0；视频线：RG-59（75Ω）；电源线：RVV3×1.0

⑥ 地感线圈：BV1.0

图 8-14　一进一出停车场布线

步骤4：了解停车场月票停车系统和非接触卡系统。

计时车辆离场时，应遵循场内标志，将车开至收费亭前，拿出停车票，交给收费员，收费员直接将票券插入自动读取计算机内，计价计算机即自动计算停车时间和停车金额，并将金额传至计费器显示。驾驶员缴费并拿到收据后驶离停车场，经过道闸后，挡杆自动关闭，总车数及停车数自动减1。

停车场月票停车系统如图 8-15 所示。

停车场非接触卡停车系统如图 8-16 所示。

步骤5：人工收费或自动收费系统。

人工收费停车场：计时车辆离开停车场时，遵循场内标志，将车开至收费亭前，拿出停车票，交给收费员，收费员直接将票券插入自动读取计算机内，计价计算机即自动计算停车时间和停车余额，并将金额传至计费器显示。驾驶员缴费并拿到收据后驶离停车场，经过闸杆后，闸杆自动关闭，停车场总车数自动减1。

自动收费系统：当车辆离开停车场时，将停车票插入自动收费机。自动收费机自动计算停车费用，扣除卡上金额，并自动开放出口闸杆。

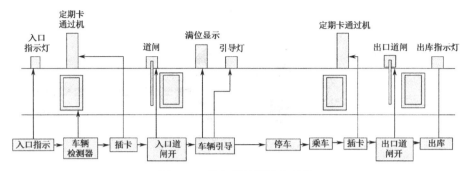

图 8-15　停车场月票停车系统

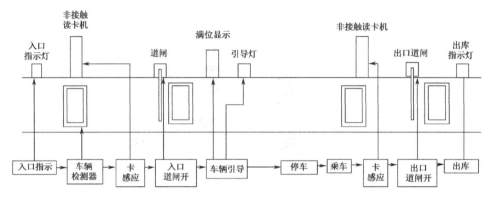

图 8-16　非接触卡停车系统

停车场人工收费和自动收费系统如图 8-17 所示。

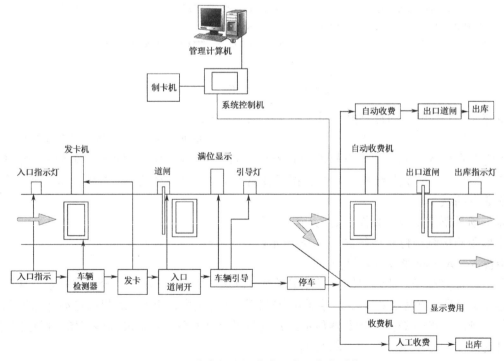

图 8-17　停车场人工收费和自动收费系统

步骤 6: 了解停车场集中管理使用的技术。

（1）车辆自动识别技术。车辆自动识别技术一般采用卡片，如磁卡、条码卡、IC 卡、非接触卡。其中，非接触卡有近距离射频识别卡和远距离射频识别卡。目前比较先进的是远距离射频识别卡技术，如一种远距离射频识别卡可以在 0.3～6 m 范围内有效识别，识别速度快，可以识别时速达 200 km 的汽车。有的采用红外线装置，标准读取距离为 8 m。

（2）防盗措施。采用防范车卡重入技术，保证一卡一车，防止一卡多用。车辆报警装置可以在被盗窃车跟随合法车辆发生追车时报警。对干高级系统，还可采用卡加密码方式。

（3）车位引导和显示，如设置车位和车道方向标志等。

实训二 安装停车场管理系统安全岛设备

【实训目的】

（1）安装停车场安全岛设备；

（2）理解停车场常用设备及安装位置。

【实训设备】

（1）卷尺、墨斗。

（2）弯管器、瓦刀、钉锤。

（3）铁锹、水泥抹、斗车。

（4）线材型号：

➤ 通信线（管理电脑至出入口机）：RVVP6×0.3 mm；

➤ 控制线（出入口机至道闸）：RVVP6×0.3 mm；

➤ 视频线（出入口摄橡机至管理电脑）：75-5 同轴电缆；

➤ 地感线：耐高温抗腐蚀单股多芯 1.5 mm^2 导线绕制 6 圈，埋放深度 30～50 mm；

➤ 电源线：（供电至读卡机、道闸、摄像机）RVV3×2.5 mm。

【施工要求及程序】

1）安全岛技术要求

（1）设备安装地基尺寸要比设备实际尺寸大 100 mm 以上，防止固定设备时膨胀螺栓将地基胀破。

（2）安全岛应出地面约 1 000 mm。

（3）当设备安装的地面为水泥基础时，地基可直接在地面上铺设，但铺设的地方应该以星形每隔 250 mm 打一根钢筋（直径 20 mm 以上)，钢筋应深入地面不低于 50 mm，外露不低于 50 mm。

（4）当设备安装的地面为沥青基础时，地基可直接在地面上铺设，但铺设的地方应该以星形每间隔 250 mm 一根钢筋（直径 20 mm 以上)，钢筋应深入地面不低于 200 mm，外露不低于 50 mm。

（5）当设备安装的位置为泥土基础（设备安装于路边或花坛边）时，应在安装位置处挖坑，使安全鸟或地基深入地面 300 mm 以上。

（6）地基：国标 425#硅酸盐水泥、中沙，水泥与沙的比例（体积比）应为 1∶2 左右。避免使用泥土、石头、石块、砖块等材料。

2）线缆要求

（1）进岛线：3 芯电源线，6 芯屏蔽线，2 芯屏蔽线；

（2）岛内线：3 芯电源线，6 芯屏蔽线；

（3）出岛线：票箱地感线，道闸地感线，票箱满位屏通信线。

3）其他要求

（1）绑扎线管，定出管的位置、坐标；

（2）砌岛外墙；

（3）票箱、闸箱位置用高标号混凝土（500×500）；

（4）填砂浆；

（5）抹平外墙和岛平面；

（6）贴瓷砖（必要时）等。

【实训步骤】

1）确定设备位置

（1）确定道闸及读卡设备摆放位置。首先要确保车道的宽度，以便车辆出入顺畅，车道宽度一般不小于 3 m，4.5 m 左右为最佳。

（2）确定读卡设备位置。读卡设备距道闸距离一般为 3.5 m，最近不小于 2.5 m，主要是防止读卡时车头可能触到栏杆。对于地下停车场，读卡设备应尽量摆放在比较水平的地面，否则车辆在上下坡时停车读卡会比较麻烦。

（3）确定道闸位置。

对于地下停车场，道闸上方若有阻挡物，则应选用折杆式道闸。阻挡物高度−1.2 m 处即为折杆点位置。

道闸及读卡设备的摆放位置，直接关系到用户使用是否方便的问题；一旦位置确定、管线到位后，再要更改位置则会给施工带来很大的麻烦。因此，对于在这方面工程经验不是很多的工程人员来说，应先将道闸及读卡设备摆装到准备安装的位置；然后模拟使用者，并会同甲方人员一起看定位是否合适；最后再敷设管线。

（4）确定自动出卡机安装位置。有临时车辆出入的停车场，如果选择了远距离读卡设备，同时又选择了自动出卡机，则自动出卡设备为一独立体，安装在读卡设备正前方距读卡设备约 0.3 m 的地方。如果选择了普通读卡设备，同时又选择了自动出卡机，则自动出卡机同读卡机安装在同一设备内，现场施工不必考虑这一步骤。

（5）确定摄像机安装位置。出入口摄像机的视角范围主要针对出入车辆在读卡时的车牌位置，一般选择自动光圈镜头，安装高度一般为 0.5～2 m。如果没有选择图像对比功能，则不需要考虑此项。

（6）确定控制主机的位置。控制主机是整个停车场系统的核心控制单元。若停车场出入口附近设有岗亭，则控制主机安放在岗亭内；若没有岗亭则安放在中控室。但控制主机同出入口读卡设备的距离一般不超过 200 m。

（7）确定岗亭位置。

进出收费亭都在同一岛内的布置：对于有临时车辆的停车场，岗亭一般安放在出口，以方便收费岗亭内由于要安放控制主机及其他一些设备，同时又是值班人员的工作场所，所以对岗亭面积有一定要求，最好不小于 4 m²，如图 8-18 所示。

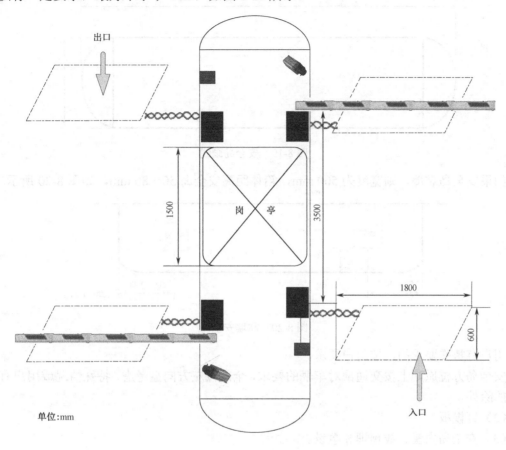

图 8-18　岗亭位置

2）安全岛施工

在查看施工现场、确定施工方案、确定设备安装位置后，就要着手安全岛的施工了。停车场管理系统的安全岛相当于建筑房屋的地基，它不仅承载设备工作时的应力（尤其是道闸的应力可达几百千克），而且可以保护设备和线路，同时规范车辆进出的车道。因此，安全岛的施工会直接影响系统的性能。

安全岛施工步骤（以标准一进一出安全岛制作为例）如下：

步骤 1：画基准线。

按图纸规划安全岛的形状，在画线时要先找基准点，定位基准、定位尺寸，保证画线准确。

例如：6.0 m×1.5 m×0.2 m 标准安全岛，可以先画出 6 m×1.5 m 的长方形，然后画 2 个半圆，使用 0.75 m 长的细线或卷尺以长方形宽的中点画半圆，如图 8-19 所示。

设备的定位要根据实际情况计算正确，从而为下一步的布管工作做好准备。

步骤 2：定位、钉模板、布管。

（1）定位。

安全岛的高度应保证票箱安装好后，从基础底部到票箱取卡距离为 1 000 mm，长度、宽度可根据现场情况决定。票箱到道闸箱中心的距离为 4 000 mm，不小于 3 500 mm。安全岛两端伸出端（从箱体算起）为 300～500 mm，圆弧段可根据现场情况决定。

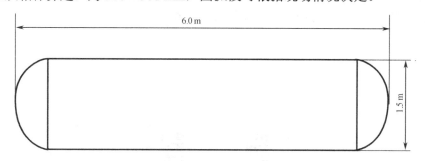

图 8-19　安全岛画线

如果安全岛靠墙，则宽度为 500 mm，箱体距离安全岛 50～80 mm，如图 8-20 所示。

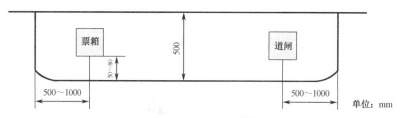

图 8-20　靠墙安全岛

用户有特殊要求的，按用户要求。

安全岛方位原则上按交通部对车辆的要求，全部按左方向盘考虑，特殊情况或用户有特殊要求的除外。

（2）钉模板。

（3）安全岛内管、线预埋和敷设。

在砌安全岛之前，要对管、线进行预埋和敷设。先布置要暗埋在安全岛中的各穿线管，按照设备安装位置确定各穿线管的起点和终点。各管的起点和终点均要用弯管器弯成 90° 的弯头，将弯头部分在设备安装位置的中心集中捆扎起来，并朝上引出。引出端要高出地面 300 mm，管口要临时封堵，防止浇注混凝土时掉入杂物；需要管接头的地方用专用胶水密封。

注意：要合理布置管的走向，严禁将管布置在固定设备时打膨胀螺栓孔的位置。预埋线管要露出 120 mm，如图 8-21 所示。

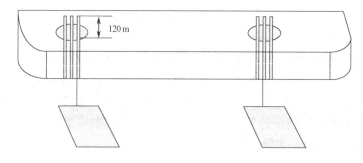

图 8-21　预埋线管

岗亭内线缆走向如图 8-22 所示。

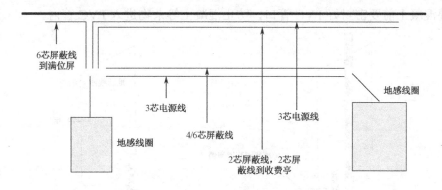

图 8-22　岗亭内线缆走向

票箱导线露出端预留长度不小 1.2 m。

预埋在混凝土安全岛中的穿线管使用 PVC 电线管，不仅不会锈蚀，而且管壁光滑、方便穿线。其他的穿线管根据安防规范应采用金属穿线管。按照布管布线图纸及设备安装位置图，对需要开沟布管的路面，特别是有车辆通过的路面，不得使用 PVC 管代替镀锌铁管，且开沟的深度不得小于 100 mm。

（4）在安全岛中各穿线管的布设。

按照设备安装位置确定各线管的起点和终点，各管的起点和终点都要使用弯管器折弯成90°的弯头，弯头部分在设备安装位置的中心集中捆扎起来，并向上引出。引出端要高出地面300 mm，管口要临时封堵，以防浇注混凝土时掉入杂物；需要管接头的地方均要用专用胶水密封牢固。

在安全岛范围内布管时，要合理布置管的走向，严禁将管布置在固定设备时打膨胀螺栓孔的位置。

（5）布放入口、出口之间的穿线管，确定管的起点和终点。

注意事项：

➢ 根据安全岛位置预留的出线口以及所需安放的线管数量，应在路面上留出需要开沟的宽度；

➢ 模板、PVC 管要按照定位尺寸固定准确、牢固。

步骤 3： 管线敷设。

管线敷设相对比较简单，在管线敷设之前，对照停车场系统原理图及管线图理清各信号属性、信号流程及各设备供电情况。信号线和电源线要分别穿管，不同电压等级、不同电流等级的电源线也不可穿同一条管，如图 8-23 所示。

步骤 4： 搅拌并浇灌混凝土。

浇铸一个高 10～20 cm 的防水防撞的安全岛（安装基座），并在出入口机、道闸底座中部预埋铺设管线。用四个膨胀螺栓将出入口机、道闸等固定在安全岛上。

用水泥、石子、沙子比例为 1：2：3 的混凝土浇灌用模板围起来的安全岛框架。浇灌完毕后找出水平面。至少一个星期后，等待混凝土完全干燥后，用高标号水泥抹平安全岛表面。

注意事项：

➢ 混凝土要搅拌均匀；

➢ 浇灌混凝土时要防止 PVC 管移位（做好固定）；

➢ 浇灌混凝土前要密封好 PVC 管口，防止混凝土等杂物进入 PVC 管内。

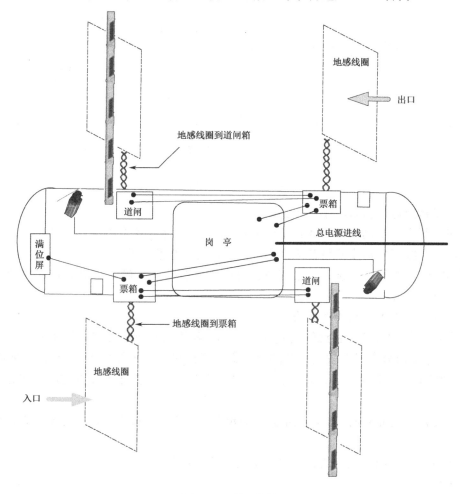

图 8-23　预埋线管

步骤 5：抹平表面，清洗现场，清理建筑垃圾。

安全岛按标准施工完毕后，要对现场进行清理，防止残留水与泥沙石凝固后影响路面整洁。

步骤 6：开沟布管。

使用切槽机根据路面上的线进行切槽，在切槽机切片时需要用水冷却。

步骤 7：画线切槽，风炮开沟，清理碎石，放线管，搅拌浇筑混凝土，回填。

（1）画线切槽。切槽时需要两个人合作，画线时应根据施工现场选择最近的路线，且垂直于安全岛，并注意避开地感线圈和路拱、防撞立柱的安装位置。在使用切槽机时，需要不断地加水冷却，同时降低水泥路面的切割难度。

（2）风炮开沟。风炮因冲击力较大，在开沟时需要两个人交替操作，机器也不允许连续作业。风炮连续工作 30 min 后需要休整 10 min，使其自然冷却，以提高风炮的使用寿命。沟内部应尽量平整。

（3）清理碎石。开沟后的碎石需要及时清理干净，沟的深度、宽度应该根据放线管的数量来决定。

（4）埋放镀锌管。在埋放镀锌铁管时，两根线管的接头处必须用胶水粘牢。有车辆通过的路面，必须用镀锌铁管。

（5）搅拌浇筑混凝土，使混凝土比例合适。将搅拌好的水泥浆回填到沟内，撒上干水泥，抹平；要求与地面平整，且水泥未干之前不得过车。

步骤7：安全岛贴瓷砖、刷油漆。

安全岛施工完成后，待安全岛凝周，如果需要可以进行贴瓷砖作业。

实训三　安装地感线圈

【实训目的】

学会埋设地感线圈。

【实训设备】

（1）地感线圈；
（2）切槽机。

【实训拓扑】

安装地感线圈拓扑图如图 8-24 所示。

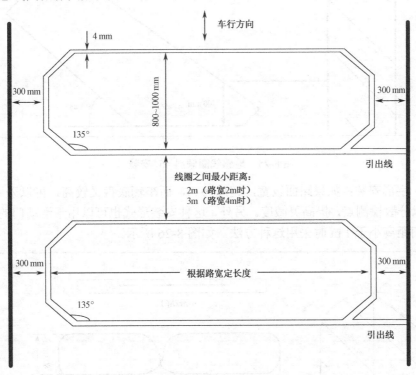

图 8-24　安装地感线圈拓扑图

【注意事项】

1）地感线圈制作时要注意的问题

检测器车辆的地感线圈是停车场管理系统中的重要部件，它的工作稳定性直接影响整个系统的运行效果。因此，地感线圈的制作是工程安装过程中很重要的一个环节。

制作过程中要注意以下几点：

➢ 周围 500 mm 范围内不能有大量的金属，如井盖、雨水沟盖板等；

➢ 周围 1 000 mm 范围内不能有超过 220 V 的供电线路；

➢ 制作多个线圈时，线圈与线圈之间的距离要大于 2 m，否则会互相干扰。

2）地感线圈的材质要求

线圈电缆一般采用多股铜导线，导线截面积不小于 1.5 mm²，最好采用双层防水线。在电缆和接头之间最好不要有接线端。如果必须有接线端，也要保证连接可靠，用烙铁将它们焊接起来，且焊接部位要做防水处理。

3）地感觉线圈布线要求

地感线槽切好后，向槽内布地感线时，地感线必须是平铺或重叠，注意不能双绞。

4）特殊地感线圈

（1）倾斜 45°安装：如果要检测自行车或摩托车，可以考虑与自行车方向倾斜 45°安装，如图 8-25 所示。

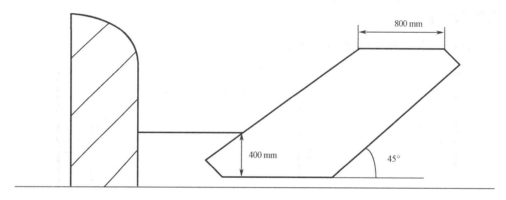

图 8-25　地感线圈倾斜 45°安装

（2）"8"字形安装：如果路面较宽，超过 6 m，而车辆底盘又较高，可以采用"8"字形安装方法，以分散检测点，提高灵敏度。另外，这种安装形式也可以用于滑动门的检测，当线圈靠近滑动门距离小于 1 m 时采用这种方法，如图 8-26 所示。

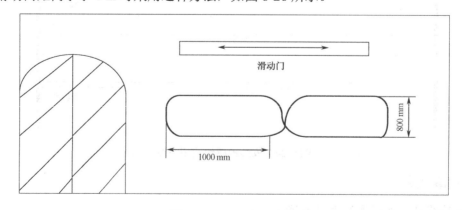

图 8-26　"8"字形安装

为了使地感检测器的工作处于最佳状态下，线圈的电感量应保持在 100～200 μH 之间。

在线圈电感不变的情况下，线圈的匝数与周长有着重要关系；周长越小，匝数就越多。一般地感线圈的匝数与周长如表 8-2 所示。

表 8-2 地感线圈的匝数与周长

序号	线圈周长	线圈匝数
1	3 m 以下	根据实际情况，保证电感值 在 100～200 µH 之间
2	3～6 m	5～6 匝
3	6～10 m	4～5 匝
4	10～25 m	3 匝
5	25 m 以上	2 匝

5）标准地感线圈

标准地感线圈如图 8-27 所示。

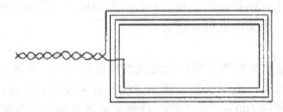

图 8-27 标准地感线圈

由于道路下面可能埋设有各种电线管线、钢筋、下水道盖等金属物质，这些都会对线圈的实际电感值产生很大影响，所以表 8-2 数据仅供参考。在实际施工时，应使用电感测试仪测试电感线圈的实际电感值来确定施工的实际匝数，只要保证线圈的最终电感值在正常的工作范围之内（如在 100～300 µH 之间）即可。

【安装步骤】

步骤 1：切槽。

使用切路机根据设计图纸，在路面上切出埋设线圈的槽。在四个角上进行 45° 倒角，防止尖角破坏线圈电缆。切槽宽度一般为 4 mm，深度 30～50 mm。同时，还要为线圈引线切一条通到路边的槽。

步骤 2：布线。

地感线圈应根据设计图纸的形状或长方形布线。两条长边与金属物运动方向垂直，彼此间距推荐为 0.8～1 m。长边的长度取决于道路的宽度，通常两端比道路中间距窄 0.3 m。地感线圈的周长如果超过 10 m，需要绕 2～3 圈；如果周长在 6～10 m 之间，需要绕 3～4 圈；周长在 6 m 以下需要绕 4～5 圈。

最好在引线槽底部铺一层 5 mm 厚的细沙，防止天长日久槽底的棱角割伤地感线。在线圈槽中按顺时针方向放 4～6 匝（圈）地感线：线圈尺寸越大，圈数越少；标准道闸为 6 圈，票箱控制机为 5 圈。绕线圈时必须将线圈拉直，但不要绷得太紧并紧贴槽底，而且要一匝一匝地压紧至槽底。线圈的引出线按顺时针方向双绞，在安全岛端出线时留出 1.5 m 长的线头，每米按 20 股进行双绞。地感线圈放完后用电感表测量，100～300 µH 为正常，否则不得进入下道工序。

步骤 3：浇灌沥青。

用沥青浇注已经放入地感线圈的线槽。沥青在冷却后浇注面会下降,可重复浇注 2 次以上,直至浇注面与路面平齐。

步骤 4：穿线。

做好以上工作之后,接下来按照标准和需求进行合理的穿线。线路是电气工程的基础,线路布放、连接质量的好坏直接影响系统设备能否正常工作,并影响设备的使用寿命。特别是带有弱电数字信号传输的电气工程对线路质晕要求更高,系统工作效果的好坏与线路布放是否合理、是否规范直接相关,因此,控制布线质量是电气工程的重要工作。

（1）从岗亭开始穿线。按照图纸在每根线管中穿标定的线,穿线要用专用塑料穿线器,不能用铁线,以免划伤管壁或管中的其他线缆。需要接头的电线,接头要用焊锡焊接并套热缩管;对于电源线,在套热缩管后不要用电工胶带包扎。

（2）线头做标记。线路做好标记,穿好的线要检测导通电阻;如果有问题,要及时换线。测试好的线按图纸要求用号码管标记线号。穿好所有的线后,所有出线点的线要用扎带扎好,连线带管用塑料袋包好,以免雨水进入线管。

步骤 5：埋设电缆。

在埋设电缆时,要留出足够的长度以便连接到地感控制器,并保证中间没有接头。绕好线圈电缆以后,将电缆通过引出线槽引出。输出引线是紧密双绞的形式,每米最少 20 周甚至更多。引线最大长度不应超过 100 m。由于探测线圈的灵敏度随引线长度的增加而衰减,所以引线电缆的长度要尽可能短。埋好线圈以后,用水泥或沥青封上。

实训四　安装调试道闸和入口票箱

【实训目的】

学会安装调试道闸和票箱。

【实训工具】

道闸、票箱、常用工具。

【实训步骤】

步骤 1：安装票箱。

（1）标记孔位。按照图纸确认设备位置无误后,将票箱放置到安装位置,用铅笔将设备底座安装孔描画在安装平面上,并标记中心点,然后将设备移开。

（2）钻孔。使用 ϕ16 钻头的电锤,垂直向下打安装孔,孔深 100 mm。钻出的土石要及时清理干净,且打好的孔中应没有杂物。在需要钻孔的位置,瓷砖必须保证不能"空心",也不能将瓷砖打裂。

（3）敲入螺栓,固定螺丝。孔位钻好后,将膨胀螺栓压入每个安装孔中,并用螺母固定。要求固定好的膨胀螺栓不能随螺母一起转动,且露出的螺杆部分应小于 40 mm。旋掉膨胀螺栓上的螺母并保存好,将设备放入安装位置,要求螺杆均插入底座固定孔。在每个螺杆上放一个平垫片及一个弹簧垫片,然后将螺母拧紧。

设备固定好后,用手轻推一下设备,感觉一下牢固程度。

步骤 2:安装道闸。

(1)标记孔位。按照图纸确认设备位置无误后,将道闸放置到要安装的装置,用铅笔将设备底座安装孔描画在安装平面上,并标记中心点,然后移开设备。

(2)钻孔并固定。用 ϕ16 钻头的电锤垂直向下打安装孔,孔深 100 mm。钻出的土石要及时清理干净,且打好的孔中应没有杂物。在需要钻孔的位置,瓷砖必须保证不能"空心",也不能将瓷砖打裂。

步骤 3:道闸杆、压力波的安装。

道闸杆安装牢固后,将压力波气管从机芯传动装置的中心孔中穿到箱体内,连接到压力波装置上。

带压力波的道闸杆,要特别注意其安装方式:有堵头的一侧朝下,若堵头朝上就起不到压力波防砸的作用。注意,压力波胶管不能被道闸挤压。

步骤 4:控制机及道闸的安装。

浇铸一高 10～20 cm 的防水防撞的安全岛(安装基座),并在出入口机、道闸底座中部预埋铺设管线。用四个膨胀螺栓将出入口机、道闸固定在安全岛上,其安装方法与票箱相似,不再赘述。

步骤 5:一体化立柱的安装。

(1)一体化立柱的安装含车牌自动识别摄像机的安装,其安装位置如图 8-28 所示。

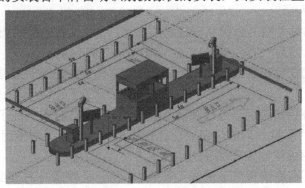

图 8-28　一体化立柱安装位置

(2)固定立柱:做标记;钻孔;敲入螺栓;固定。

摄像机立柱和刷卡机立柱如图 8-29 所示。

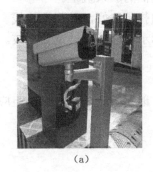

(a)　　　　　　　　　　(b)

图 8-29　摄像机立柱(a)和刷卡机立柱(b)

立柱安装要点：防撞立柱的外边缘与安全岛的外边缘要在一条直线上，否则对车主取卡造成不便。

步骤 6：减速带的安装。

（1）定位减速带。

（2）钻孔。

（3）固定减速带。减速带固定要牢固，形成一条直线且长度不小于行车路面宽度的 4/5，减速带的安装位置一般在票箱地感线圈靠外 200 mm 处，如图 8-30 所示。

注意：不要把减速带装偏，间隔要相对较紧密，如图 8-31 所示。

图 8-30　减速带　　　　　　　　　　图 8-31　安装不整齐的减速带

步骤 7：线缆连接。

（1）按照布线图的管号线号表确认每根线的用途，对照设备的接线图将每根线连接到对应的接线端子上。

（2）多芯电缆要先在每芯电线上面用号码管标记芯号，并记录芯号与颜色的对应，这是电缆另一头连接的依据。

（3）接线时不要将导线的铜芯直接缠绕在接线端子上，这样时间久了容易脱落，且分开的铜芯会降低信号传输的质量并造成短路。应该在每根导线的端头用专用的压线钳压制金属接管，然后将金属接管用螺丝固定在端子上。

（4）接线完成后要彻底清理剪下的线头等杂物，特别是裸露的铜芯线头，以免通电时造成短路而损坏设备。

（5）捆扎、整理与接线端子连接的引线，信号线与信号线归类，电源线与电源线归类，强弱电分开，以免互相干扰。

（6）岗亭内线路要理顺，用扎带扎好，有机柜的放入机柜。

（7）票箱内的线路整理清楚，并用可标示的扎带扎好，且要接地线。

（8）道闸内部线路用扎带整理好，并做好标示，地感线一定要双绞。

步骤 8：线缆连接后的检测。

（1）接线检查。

➤ AC220V 供电及接地：检查火线、零线、地线的顺序，接触电阻应小于 0.1 Ω。

➤ 通信线检查：串口卡接线是否正确。

➤ 其他接线检查：电脑、显示器等连接线。

（2）通电检查。

➤ 收银管理设备通电检查：参照设备说明书进行设置，设备应正常工作；

> 入口设备通电检查：参照设备说明书进行设置，设备应正常工作；

> 出口设备通电检查：参照设备说明书进行设置，设备应正常工作。

步骤 9： 系统试运行。

反复试验出入车辆功能，观察设备是否正常工作。

【实训拓展】

1）道闸平衡状态调节方法

（1）将摇臂螺丝松开，使上活节与摇臂脱开，脱开后主轴即为自由状态。

（2）将闸杆按正常使用状态装好。

（3）将闸杆用手推到竖直状态。

（4）将下拉钩调至与弹簧下拉环轻轻接触，并旋紧螺母将下拉钩固定。

（5）将闸杆用手推到水平状态，松开手，此时若闸杆下垂，则表示平衡弹簧拉力太小。调整方法如下：

> 将闸杆垂直，将弹簧取下，将弹簧上吊板向外旋 1～2 圈挂上再试，直到水平为止；状态相反时则反向调节即可。

> 将摇臂螺丝旋紧，锁紧螺母。

> 将下拉钩锁紧螺母。

2）地感及道闸常见故障排除

（1）在感觉线圈埋线松动：当地感线圈不能牢固地固定在槽内时，汽车压过路面的震动会造成槽内线圈变形，改变地感线圈初始电感量，此时传感器必须重新复位后方能正常工作。解决方法是将融化的沥青浇入槽内使地感线圈固定。

（2）螺丝松动：活节螺丝为正反螺纹相接，上下两个轴承之间用双头螺杆相接；若螺丝松动，将造成上下位均不准确。其解决方法是用一个长为 80 mm、直径为 4 mm 的铁棒插入双头螺杆之间旋动调整，使闸杆上下到位即可。

（3）到位控制磁铁挪位：上下到位均采用磁霍尔元件，若长方形磁铁与减速机带凸轮的圆片位置改变，将会造成到位不准确。将其调整准确，不可翻转，即可解决问题。

（4）断电保护开关失灵：当本机器的控制部分失灵时，本机的自动保护装置将自动工作，此时闸杆停在斜上位置不动，总电源断开，机器不工作。这时将机器门打开，将大皮带顺时针方向旋转 3～8 圈到上位时即可复原；若如此多次不能恢复原状，则需检查霍尔元件和电路板是否失灵。

（5）下拉钩调整螺母松动：机箱内下部设有螺纹 M10 的下拉钩，其功能为拉住平衡机构的弹簧和平衡功能的零点调节；还装有两个 M10 六角螺母和 ϕ10 弹簧垫圈，若此螺母松动，机器运转时会发生敲击声和平衡失调。平衡失调后机器还可以运转，但会大大加重减速机、电动机以及其他传动机件的负荷，从而影响机械寿命。

实训五　系统接线及调试

【实训目的】

学会设备接线。

【实训工具】

电工工具。

【注意事项】

接线时切勿将导线的铜芯直接拧在接线端子上，这样时间长了容易脱落，且开叉的铜芯会降低信号传输质量或造成短路。应该在每根导线的端头用专用压线钳压制金属接管，然后将金属接管拧在接线端子上。

【实训步骤】

步骤1： 确定线路正确对应。

（1）按照布线图的管号线号表确认每根线的用途，对照设备的接线图将每根线连接到对应的接线端子上。

（2）多芯电缆要先在每芯电线上用号码管标记芯号，并记录芯号与颜色的对应，这是电缆与另一头接线的依据。

步骤2： 入口票箱接线。

入口票箱系统的接线可参考具体的设备安装手册，其示意图如图8-32所示。

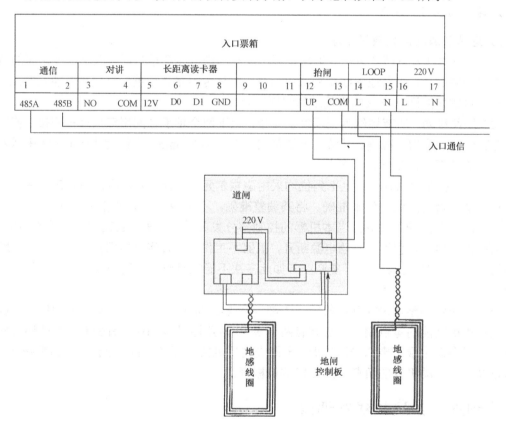

图8-32　入口票箱接线示意图

步骤3： 出口票箱接线。

出口票箱系统的接线可参考具体设备安装说明书，其示意图如8-33所示。

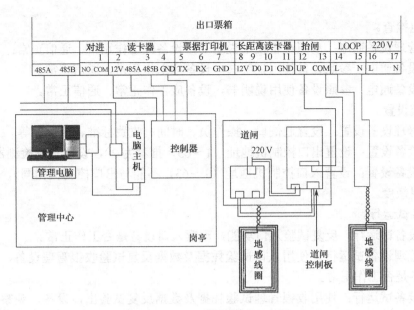

图 8-33　出口票箱接线示意图

步骤 4： 调试。

所有线路接线完成后，进入调试阶段，调试流程如图 8-34 所示。

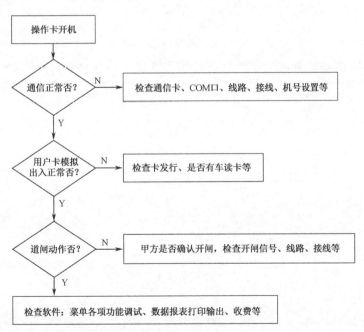

图 8-34　调试流程

系统调试步骤如下：

（1）接线检查。

➤ AC220 V 供电及接地：检查火线、零线、地线的顺序，接触电阻应小于 0.1 Ω；

➤ 通信接线检查：CAN 总线正负极，终端电阻为 120 Ω，不能分支；

➤ 其他接线检查：电脑、打印机等连接线。

（2）通电检查。

➢ 收银管理设备通电：参照设备使用说明书，设备应工作正常、通信正常；

➢ 出口设备通电：参照设备使用说明书，设备应工作正常、通信正常；

➢ 入口设备通电：参照设备使用说明书，设备应工作正常、通信正常。

（3）系统设置。

➢ 收银管理设备设置：设置通信口、操作员、时间、收费标准、车位数等。

➢ 出口设备设置：设置出口控制机地址（1～63，推荐为2），设置车辆检测器灵敏度。

➢ 入口设备设置：设置入口控制机地址（1～63，不能与出口控制机相同），设置车辆检测器灵敏度。

（4）设备试运行。

➢ 入口设备试运行：反复试验入口功能，观察入口设备是否工作正常。

➢ 收银管理设备试运行：使用入口试验凭据及数据反复试验收银管理设备，观察收银管理设备是否工作正常。

➢ 出口设备试运行：使用收银管理试验凭据及数据反复试验出口设备，观察出口设备是否工作正常。

第9章　安防系统维护保养及安防工程费用计算

为了保证安防系统处于正常的工作状态,需要对其进行日常维护和定期的测试、调整复位、清洁等养护性工作。本章先介绍安防系统维护保养的一般要求,以及入侵报警系统、视频安防监控、出入口控制、电子巡查、停车场(库)管理系统的维护内容和要求;然后介绍安防工程建设费用与维护保养费用的构成和计算方法,这是编制安防工程建设及维护保养费用概算、预算和决算的依据。

9.1　安防系统维护保养的一般要求

(1)安防系统维护保养的依据:维护保养安防系统要依据国家安全防范系统维护要求或地方安全防范系统维护要求,北京市现行的安全技术防范系统维护通用标准是 DB11/T 855—2012。

(2)安防系统维护工作资料要求:安防系统维护工作应具备的资料至少应包括:该系统的设计方案、器材设备清单、系统原理图、平面布防图、电源配置表、线槽管道示意图、监控中心布局图、主要设备和器材的检测报告、使用说明书、系统操作手册、验收报告。

(3)制定维护工作计划:安防系统的维护要制定工作计划。工作计划包含:日常维护、定期维护以及由于特殊情况而引起的临时性维护任务。

(4)维护工作报告:系统的定期维护每年应不少于 2 次,并完成维护工作报告,报告内容应包含:项目名称、地址、维护时间、维护人员、系统情况描述、建议等。

(5)制定维护方案:维护人员在进行维护工作前应制定维护工作方案,包括:系统运行检查、现场故障处置、系统更新升级、设备替换等工作规范,并配备必需的维护保养工具、防护用具、通信设备及交通工具。

(6)维护注意事项:维护前应书面征得用户单位同意,维护时应具有其他的安全防护措施,如果发现异常情况应及时向用户单位通报。维护工作中要有保证作业安全、人身安全的相应措施。维护工作每次都要有文字记录,并应有相关人员签字确认后存档,存档时间应不小于系统使用期。维护工作人员应经专门培训和考核合格后方能持证上岗,不得擅自复制和向外传播系统的各种档案资料。

9.2　安防系统维护的基本内容和质量要求

9.2.1　维护的基本内容

安防系统的维护工作可分为日常维护、定期维护和临时性维护三类。

日常维护是在系统运行过程中对设备进行清洁、主要功能确认等。

定期维护是对安全防范系统的各子系统进行定期的全面检查,功能和性能检查等,主要包括如下内容:

➢ 前端设备的探测有效性检查、探测范围调整、探测灵敏度调整、紧固设备的连接等,以满足原系统的设计要求；

➤ 中心平台的功能和性能检查、设备参数调整等，以满足原系统设计要求；

➤ 系统传输设备应定期清洁。

临时性维护是由于重大节日、重要活动等需要对安全防范系统增加的额外的、临时性的维护任务，维护内容参照定期维护执行。

9.2.2 入侵报警系统维护

入侵报警系统维护内容如表9-1所示。

表9-1 入侵报警系统维护内容

序号	区域	维护对象	维护项目内容与要求	日常维护	定期维护
1	前端	紧急按钮/脚跳开关	确认安装牢固、不自动复位	■	■
2		门磁开关	应安装牢固，调整间隙与角度要能正常报警	■	■
3		声音监听装置	要声音清晰、无杂音	■	■
4		周界控制器	要检查功能有效、工作正常，探测范围符合要求	□	■
5		声、光报警器	应工作正常	□	■
6		报警探测器	检查探测角度、探测灵敏度应正常有效，防拆功能有效	□	■
7	传输	传输线路	线路应通信正常	□	■
8		防区扩展模块	检查防区扩展模块应安装牢固、工作正常	□	■
9	中心	报警控制箱	报警控制箱应清洁、牢固	□	■
10		报警打印主机	应与主机通信正常、打印清晰	■	■
11		报警控制器	警情报警、故障报警、防破坏、防拆等功能检查正常有效	□	■
12			防区报警检查应正常有效	■	■
13			时钟与标准时间误差应不大于5 s	■	■
14			报警信号输出正常	□	■
15		报警管理控制服务器	应与报警主机通信正常	□	■
16			报警点位图应齐全有效	□	■
17			检查报警接收、报警联运正常	□	■

9.2.3 视频安防监控系统维护

视频安防监控系统维护内容如表9-2所示。

表9-2 视频安防监控系统维护内容

序号	区域	维护对象	维护项目内容与要求	日常维护	定期维护
1	前端	摄像机	图像应清楚、无干扰，监视范围实用、有效	■	■
2		摄像机防护罩	检查安装牢固，密封正常有效，罩内设备安装牢固，接线牢固可靠	■	■
3		支架	检查安装牢固、无腐蚀	□	■
4		云台	检查云台控制应上、下、左、右控制功能有效，预置位测试有效	■	■
5		镜头	检查镜头控制聚焦、光圈有效	■	■
6		雨刷	检查功能正常	■	■
7		红外灯	检查功能有效，电路正常，聚光方向与摄像机方位一致	■	■

序号	区域	维护对象	维护项目内容与要求	日常维护	定期维护
8		视频分配器	检查视频分配器输出图像正常、无干扰	□	■
9		光电信号转换器	应工作正常	□	■
10	传输	云台、镜头解码器	云台、镜头解码器应安装牢固、通信正常	□	■
11		网络交换机	应工作正常	□	■
12		传输线路	应有防护措施、无破损，通信正常	□	■
13		矩阵控制主机	检查并确保矩阵控制主机切换、云台、镜头控制以及报警联运功能、网络功能有效	■	□
14		矩阵控制键盘	检查控制键盘与主机通信正常，按键功能有效	■	□
15		图像编解码器	检查功能正常	■	□
16		监视器	图像应显示清楚，图像设置有效、无噪声	■	□
17			检查视频控制、图像预览、录像以及回放功能正常	■	□
18			录像存储时间满足用户需求及国家或行业相关标准要求	□	■
19			图像质量应符合国家相关标准要求	□	■
20	中心	硬盘录像机	清洁、除尘，确认散热风扇工作正常	□	■
21			声音和视频应符合一致性	□	■
22			硬盘录像机时钟应定期校验，误差小于 10 s	■	□
23			接入网络通信正常	□	■
24			存储时间满足用户需求及国家或行业相关标准要求	□	■
25		存储设备	与连接设备通信正常	□	■
26			应定期进行数据备份	□	■
28		安防监控系统平台	就检查功能和性能正常有效，符合相关标准要求	□	■
28			数据应定期整理，并备份存储	□	■

9.2.4　出入口控制系统维护

出入口控制系统维护内容如表 9-3 所示。

表 9-3　出入口控制系统维护内容

序号	区域	维护对象	维护内容与要求	日常维护	定期维护
1		对讲电话分机	应检查话音清楚、功能有效	■	■
2		可视对讲摄像机	应图像清晰	■	■
3		门开关	应检查开关的状态有效	■	■
4	前端	读卡器	读卡器应清洁，读卡数据正确	□	■
5			键盘读卡器密码测试有效	□	■
6		指纹、掌纹等识别器	应清洁，测试功能有效	□	■
7		电控锁/闭门器	检查确保锁具的机械性能和电气性能工作良好	□	■
8	传输	传输线路	应有防护措施，无破损，通信正常	□	■
9		楼寓对讲系统主机	应检查功能有效，时间误差小于 10 s	□	■
10	中心	门禁控制器	应检查功能有效，是否能正常开关门锁，与服务器之间的通信应正常	□	■
11		门禁管理控制服务器	应检查功能有效，时间误差小于 10 s	□	■
12			应定期进行数据库备份	□	■

9.2.5 电子巡查系统维护

电子巡查系统维护内容如表9-4所示。

表9-4 电子巡查系统维护内容

序号	区域	维 护 对 象	维护内容与要求	日常维护	定期维护
1	前端	离线式电子巡查信息钮	应安装牢固、工作正常	■	■
2		离线式信息采集装置	时间误差就小于10 s，读取信息正常	□	■
3	传输	传输线路	读卡器应清楚，读卡数据正确	■	■
4	中心	离线式巡查数据读取器	应牢固无破损，通信正常	□	■
5			应检查工作正常，读取正常有效	■	■
6		巡查系统服务器	应功能正常	■	■
7			时间误差应小于10 s	□	■

9.2.6 停车场（库）管理系统维护保养

停车场（库）管理系统维护的内容如表9-5所示。

表9-5 停车场（库）管理系统维护内容

序号	区域	维护对象	维护内容与要求	日常维护	定期维护
1	前端	临时卡计费器	临时计费器测试，其功能应正常有效	■	■
2		数字式车辆检测器	应检查功能正常	□	■
3		自动道闸	应起落平衡、无振动，防砸功能有效	■	■
4	传输	传输线路	应牢固、无破损，通信正常	□	■
5	中心	收费显示屏	应显示正常	■	■
6		IC卡读写系统	应检查其功能正常有效	■	■
7		管理主机	应检查功能正常	□	■

9.2.7 电源设备、防雷接地、线缆及监控中心设备维护

电源设备、防雷接地、线缆及监控中心设备维护的内容如表9-6所示。

表9-6 电源设备、防雷接地、线缆及监控中心设备维护内容

序号	区域	维护对象	维护内容与要求	日常维护	定期维护
1	电源	UPS	确认UPS转换功能	□	■
2		UPS配套蓄电池	检查电池性能，排除满后电池，对电池定期充放电检查	□	■
3		计算机电源风扇	检查排风扇工作正常	□	■
4		直流电源	检查并校准电压到正常值	□	■
5		低压电源	测试并调整输出电压符合标称值	□	■

序号	区域	维护对象	维护内容与要求	日常维护	定期维护
6	电源	空开接线端子	应紧固、不漏电	□	■
7		接地	确认接地电阻的年检测数据，检测室外设备的接地电阻值、等电位接地可靠性；室内设备应实行联合接地检查确认	□	■
8		漏电保护器	应测试工作正常	□	■
9		电源箱内接线端子	应紧固、不漏电	□	■
10	线缆	线缆接头	应紧固、绝缘	□	■
11		线缆护套	检查线缆护套完好、无破损，线缆不被挤压	□	■
12		线缆	应安装牢固、无破损、无挤压，检查传输线路由；对架线杆的垂直度、钢索松紧度、电缆托钩距离、电桥架的线槽盖等及时校准	□	■
13		电缆井	暴雨后应排除有电缆接头盒的电缆井内的积水	■	■
14		传输光纤	应测试通信正常	□	■
15	防雷	防雷模块	应工作正常	□	■
16		接闪器	应接地正常	□	■
17	监控中心	机柜和操作台	内部应除尘、清洁、摆放整齐	■	■

9.3 安防工程建设费用计算

编制安全防范工程建设与维护保养费用预算要依据国家或地方现行标准,国家安全防范工程建设与维护保养费用预算编制办法目前适用的标准是《GA/T 70—2014》。

安全防范工程建设费用包括:

➢ 工程建设费用;
➢ 工程建设其他费用;
➢ 预备费;
➢ 专项费用。

9.3.1 工程建设费用

安防工程建设费用的计算,首先要选择计价方式。工程费用计算方式可以采用定额计价或工程量清单计价两种方式。

1. 定额计价

1）定额计价工程费用组成

工程费用的定额计价由人工费、材料和设备费、施工机具使用费、企业管理费、利润、规费和税金组成。

2）定额计价工程费用计算方法

采用相关行业、地方的《建设工程概（预）算定额》计取人工费、材料费、施工机具使用费,并依据相应费用标准计算出企业管理费、利润、规费、税金。计算公式如下:

工程设备费=Σ（工程设备量×工程设备单价）

工程设备单价=（设备原价+运杂费）×［1+采购保管费率（%）］

3）定额计价方式预算文件组成

定额计价方式预算文件由封面、编制说明、设备器材购置费计算表、单位工程费用表、单位工程预算表和工程建设其他费用汇总表组成。

（1）封面。封面有关项目有编制单位、编制人、审核人、批准人等，应盖章或签字。

（2）编制说明。编制说明的内容包括工程概况、编制依据等。工程概况中，应说明工程项目的内容、建设地点、地理环境及施工条件等；编制依据中，应说明编制工程项目预算所依据的法规、文件、预算定额、取费标准、相应的价差调整以及其他有关未尽事宜的说明等。

（3）设备器材购置费计算表。设备器材购置费包括设备器材报价清单、运杂费、采保费和运保费等。应标明设备器材名称、单位、数量、单价、运杂费费率、采购及保管费费率、运输保险费费率及合计金额等。

（4）单位工程费用表。工程费用包括人工费、材料费、机械费、设备器材费、措施费、企业管理费、利润、规费、税金。应标明各项费用名称、计算公式、费率、金额等。

（5）单位工程预算表。单位工程预算表应标明定额编号、子目名称、单位、数量、单价、合价等，单价由人工费、材料费、机械费组成。

（6）工程建设其他费用汇总表。工程建设其他费用包括建设单位管理费、可行性研究费、招标代理服务费、勘察费、设计费、建设工程监理费、工程保险费、工程（系统）检测验收费等。应标明各项费用的名称、计算基数、费率及金额等。

3）定额计价方式预算文件示例

（1）定额计价方式预算文件的格式如图 9-1 所示。

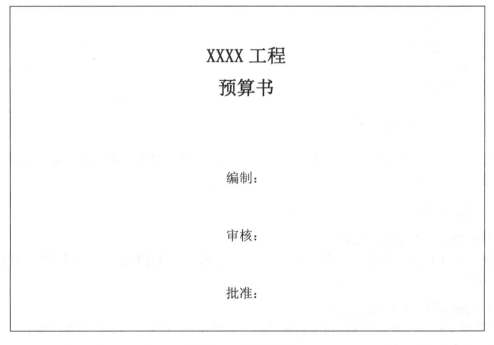

图 9-1　封面格式

（2）编制说明格式如图 9-2 所示。

编制说明

一、工程概况

    1. 工程地点：

    2. 工程内容：

    3.

二、编制依据

      1.

      2.

      3.

      4.

图 9-2　编制说明格式

（3）设备器材购置费用计算表的格式如图 9-3 所示。

设备器材购置费用计算表

工程名称：

序号	设备（主材）名称	设备器材型号	生产厂家	单位	数量	原价/元	运杂费费率/%	采购及保管费费率/%	运输保险费费率/%	金额/元
				...						
				...						
				...						
									合计/元	

图 9-3　设备器材购置费用计算表格式

（4）单位工程费用表的格式如图9-4所示。

单位工程费用表

工程名称：

序号	费用项目	计算公式	费率	金额
一	预算价	人工费+材料费+机械费		
	其中人工费			
二	设备器材费			
三	措施费			
	其中人工费			
	其中：安全文明施工费	人工费×费率		
		其中人工费占10%		
四	人工费合计	预算人工费+措施人工费		
五	企业管理费	人工费合计×费率		
六	利润	（人工费合计+企业管理费）×费率		
七	规费	（人工费合计-安全文明施工人工费）×费率		
八	税金	（预算价+设备器材费+企业管理费+利润+规费）×税率		
九	安装工程总价	预算价+设备器材费+企业管理费+利润+规费+税金		

图9-4 单位工程费用表格式

（5）单位工程预算表的格式如图9-5所示。

单位工程预算表
工程名称：

序号	定额编号	子目名称	单位	数量	价值/元		其中/元	
					单价	合价	人工费	材料费
			…					
			…					
			…					
					合计			

图9-5 单位工程预算表格式

（6）建设工程其他费用汇总表的格式如图 9-6 所示。

建设工程其他费用汇总表

工程名称：

序号	费用名称	金额/元
1	建设单位管理费	
2	可行性研究费	
3	招标代理服务费	
4	研究试验费	
5	勘察费	
6	设计费	
7	环境影响咨询费	
8	劳动、安全、卫生评价费	
9	场地准备及临时设施费	
10	引进技术和引进设备其他费用	
11	建设工程监理费	
12	工程保险费	
13	联合试运转费	
14	特殊设备安全监督检验费	
15	市政公用设施建设及绿化补偿费	
16	施工承包费	
17	建设用地费	
18	专利及专有技术使用费	
19	生产准备及开办费	
	合计/元	

图 9-6　建设工程其他费用汇总表格式

2. 工程量清单计价

1）工程量清单计价依据

工程量清单计价的分部分项工程费应采用综合单价计价。措施项目费要根据拟建工程的施工组织设计，可以计算工程量的措施项目，要按分部分项工程量清单的方式采用综合单价计价，其余的措施项目可以"项"为单位的方式计价。

2）其他项目费报价规定

（1）暂列金额应按招标工程量清单中列出的金额填写；

（2）材料、工程设备暂估价应按招标工程量清单中列出的单价计入综合单价；

（3）专业工程暂估价应按招标工程量清单中列出的金额填写；

（4）计日工按招标工程量清单中列出的项目和数量，自主确定综合单价并计算计日工金额；

（5）总承包服务费应根据招标工程量清单中列出的内容和提出的要求自主确定。

3）规费和税金

规费和税金应按国家或省级、行业建设主管部门的规定计算，不得作为竞争性费用。

4）工程量清单计价方式预算文件组成

（1）封面。封面包括：招标人、工程名称、招标控制价或投标总价(大、小写)、投标人、法定代表人或其授权人、编制人、编制时间。

（2）总说明。总说明包括工程概况、编制依据等。

（3）单项工程招标控制价/投标报价汇总表。该表应标明单项工程名称、金额，以及其中暂估价、安全文明施工费、规费的金额及合计。

（4）单位工程招标控制价/投标报价汇总表。该表应标明分部分项工程、措施项目、其他项目、规费、税金的金额及单位工程招标控制价或投标价合计。

（5）分部分项工程量清单与计价表。应标明各分部分项工程的项目编码、项目名称、项目特征描述、计量单位、工程量、综合单价、合价、暂估价。

（6）工程量清单综合单价分析表。应标明各分部分项工程的项目编码、项目名称、计量单位，清单综合单价组成明细，包括：定额编号、定额名称、定额单位、数量、人工费、材料费、机械费、管理费和利润的单价及合价，清单项目综合单价及主要材料名称、规格型号、单位、数量、单价、合价、暂估价。

（7）措施项目清单与计价表。要标明措施项目名称、计算基础、费率、金额。

（8）其他项目清单与计价表。其他项目包括暂列金额、暂估价、计日工、总承包服务费等。要标明项目名称、计量单位、金额。

（9）规费、税金项目清单与计价表。规费、税金项目清单与计价表要标明项目名称、计算基础、费率、金额。

5）工程量清单计价方式预算文件示例

（1）工程量清单计价方式预算文件的封面格式如图 9-7 和图 9-8 所示。

工程招标控制价

招标控制价（小写）：

（大写）：

招标人：　　　　　　　　　　　　　　造价咨询人：

　　　（单位盖章）　　　（单位资质专用章）

法定代表人法定代表人

或其授权人：　　　　　　　　　　　　或其授权人：
（签字或盖章）　　　　　　（签字或盖章）

编制人：　　复核人：

　　　（造价人员签字盖专用章）（造价工程师签字或盖专用章）

编制时间：　　年　　月　　日　　　　复核时间：年月日

图 9-7　工程量清单计价方式预算文件封面格式（一）

投标总价

招标人：

工程名称：

投标总价（小写）：

　　　　　（大写）：

投标人：
（单位盖章）

法定代表人：

或其授权人：
　　　　　　　　　　　　　　（签字或盖章）

编制人：

（造价人员签字盖专用章）

时间：　　　　　年　　　月　　　日

图 9-8　工程量清单计价方式预算文件封面格式（二）

（2）总说明格式如图 9-9 所示。

总说明

工程名称：　　　　　　　　　第　页，共　页

　　1. 工程概况：
　（包括：建设规模、工程特征、计划工期、合同工期、实际工期、施工现场及变化情况、试工设计的特点、自然地理条件、环境保护要求等）

　　2. 工程招标范围：

　　3. 编制依据：

　　4. 其他需要说明的问题：

图 9-9　总说明格式

（3）工程项目招标控制价/投标报价汇总表的格式如图9-10所示。

建设项目招标报价汇总表

工程名称：　　　　　　　　　第 页，共 页

序号	单项工程名称	金额/元	其中：		
			暂估价/元	安全文明施工/元	规费/元
合计					

注：本表适用于建设项目招标控制价或投标报价的汇总

图9-10　工程项目招标控制价/投标报价汇总表的格式

（4）单位工程投标报价汇总表的格式如图9-11所示。

单位工程投标报价汇总表

工程名称：　　　　　　　　　　　　　第 页，共 页

序号	汇总内容	金额/元	其中：暂估价/元
1	分部项工程		
2	措施项目		
	其中：安全文明施工费		
3	其他项目		
	其中：暂列金额		
	其中：专业工程暂估价		
	其中：计日工		
	其中：总承包服务费		
4	规费		
5	税金		
合计：1+2+3+4+5			

注：本表适用于工程单位控制价或投标报价的汇总，如无单位工程部分，单项工程也使用本表汇总。

图9-11　单位工程投标报价汇总表格式

（5）分部分项工程和单价措施项目清单与计价表的格式如图9-12所示。

分部分项目工程和单价措施项目清单与计价表

工程名称： 第 页，共 页

序号	项目编号	项目名称	项目特征	计量单位	工程量	金额/元		
						综合单价	合价	其中 暂估价
本页小计								
合计								

图9-12　分部分项工程和单价措施项目清单与计价表格式

（6）综合单价分析表的格式如图9-13所示。

综合单价分析表

工程名称： 第 页，共 页

项目编号		项目名称		计量单位		工程量	
清单综合单价组成明细							
定额编号	定额名称	定额单位	数量	单价			
				人工费	材料费	机械费	管理费和利润

定额编号	定额名称	定额单位	数量	人工费	材料费	机械费	管理费和利润	合价 人工费	材料费	机械费	管理费和利润
人工单价			小计								
		未计价材料费									
	清单项目综合单价										

	主要材料名称、规格、型号	单位	数量	单价/元	合价/元	暂估单价/元	暂估合价/元
材料费明细							
	其他材料费						
	材料费小计						

图9-13　综合单价分析表格式

（7）总价措施项目清单与计价表的格式如图9-14所示。

总价措施项目清单与计价表

工程名称： 第　页，共　页

序号	项目编号	项目名称	计算基础	费率/%	金额/元	调整费率/%	调整后金额/元	备注
		安全文明施工费						
		夜间施工增加费						
		二次搬运费						
		冬雨季施工增加费						
		已完工程及设备保护费						
合计								

图9-14　总价措施项目清单与计价表格式

（8）其他项目清单与计价汇总表的格式如图9-15所示。

其他项目清单与计价汇总表

工程名称：　第　页，共　页

序号	项目名称	计量单位	金额/元	结算金额/元	备注
1	暂列金额				
2	暂估价				
2.1	材料暂估价				
2.2	专来工程暂估价				
3	计日工				
4	总承包服务费				
5					
合计					

图9-15　其他项目清单与计价汇总表格式

（9）规费、税金项目计价表的格式如图9-16所示。

规费、税金项目计价表

工程名称：　　　第 页，共 页

序号	项目名称	计算基础	计算基数	计算费率/%	金额/元
1	规费				
1.1	社会保障费				
(1)	养老保险费				
(2)	失业保险费				
(3)	医疗保险费				
(4)	工伤保险费				
(5)	生育保险费				
1.2	住房公积金				
1.3	工程排污费				
2	税金				
		分部分项工程费+ 措施项目费+ 其节项目费+ 规费-按规定不计税的 工程设备金额			
合计					

图 9-16　规费、税金项目计价表格式

9.3.2　工程建设其他费用

安防工程建设其他费用通常包括建设单位管理费、可行性研究费、招标代理服务费、工程勘察费、工程设计费、建设工程监理费、工程保险费、工程检测费等。

1. 建设单位管理费

建设单位管理费采用差额定率累进法计算，其费率如表 9-7 所示。

表 9-7　建设单位管理费费率表

序　号	工程总概算/元	费率/%
1	1 000 万（含）以下	1.5
2	1 000 万～5 000 万（含）	1.2
3	5 000 万～1 亿（含）	1.0
4	1 亿～5 亿（含）	0.8
5	5 亿～10 亿（含）	0.5
6	10 亿～20 亿（含）	0.2
7	20 亿以上	0.1

注：本表按照《基本建设财务管理规定》[财建（2002）394 号文件]规定编制；如文该文件更新，按新文件相关规定执行。

示例：某建设工程总概算金额为 6 000 万元，则建设单位管理费如下计算：

1 000 万元×1.5%=15 万元

（5 000–1 000）万元×1.2%= 48 万元

（6 000–5 000）万元×1.0%= 10 万元

建设单位管理费=（15+48+10）万元= 73 万元

2. 可行性研究费

可行性研究费根据建设项目估算投资额在相对应的区间内用直线内插法计算，其计费方法如表 9-8 所示。

表 9-8　建设项目估算投资额分档取费标准

可行性研究费/万元 \ 咨询评估项目 \ 估算投资	3 000 万元～1 亿元	1 亿元～5 亿元	5 亿元～10 亿元	10 亿元～50 亿元	50 亿元以上
编制项目建议书	6～14	14～37	37～55	55～100	100～125
编制可靠性研究报告	12～28	28～75	75～110	110～200	200～250

注：（1）本表按照《国家计委关于印发（建设项目前期工作咨询收费暂行规定）的通知》（计投资[1999]1283 号）规定编制；如该文件更新，按新文件相关规定执行。

（2）建设项目估算投资额是指项目建议书或可行性研究报告的估算投资额。

（3）建设项目投资额在 3 000 万元以下的和除编制项目建议书或者可行性报告以外的其他建设项目，其前期工作咨询服务的收费标准，由建设单位和编制单位协商确定。

示例：某建设项目估算投资额 5 000 万元，其可行性研究费计算如下：

可行性研究费=12 万元+(28–12）万元–（10 000–3 000）万元×（5 000–3 000）万元
　　　　　　=16.57 万元

3. 招标代理服务费

招标代理服务费采用差额定率累进法计算，其费率表如表 9-9 所示。

表 9-9　招标代理服务费取费标准

中标金额/万元	不同服务类型的费率/%		
	货物招标	服务招标	工程招标
100（含）以下	1.50	1.5	1.00
100～500（含）	1.10	0.80	0.70
500～1 000（含）	0.80	0.45	0.55
1 000～5 000（含）	0.50	0.25	0.35
5 000～10 000（含）	0.25	0.10	0.20
10 000～100 000（含）	0.05	0.05	0.05
100 000 以上	0.01	0.01	0.01

注：（1）本表按照《国家计委关于印发（招标代理服务收费管理暂行规定）的通知》（计价格[2002]1980 号）规定编制；如该文件更新，按新文件相关规定执行。

（2）按本表费率计算的收费为招标代理服务全过程的收费基础价格，单独提供编制招标文件（有标底的含标底）服务的，可按规定标准的20%计取。

示例：某工程招标代理业务中标金额为 1 000 万元，则招标代理服务收费计算如下：

100 万元×1.0 % = 1 万元

（5 000–100）万元×0.7 % = 2.8 万元

（1 000–500）万元×0.55% = 2.75 万元

招标代理服务费=（1 + 2.8 + 2.75）万元= 6.55 万元

4. 工程勘察费

工程勘察费采用差额定率累进法计算，其费率表如表 9-10 所示。

表 9-10 工程勘察费费率表

序号	投资规模/万元	费率/%
1	100（含）以下	1.00
2	100～500（含）	0.80
3	500～1000（含）	0.60
4	1 000～5 000（含）	0.50
5	5 000～10 000（含）	0.40
6	10 000 以上	0.30

注：本表按照国家发展改革委、建设部《关于发布〈工程勘察设计收费管理规定〉的通知》（计价格[2002]10 号）规定编制；如该文件更新，按新文件相关规定执行。

例如：某安全防范工程的投资规模为 1 000 万元，则现场勘察费计算如下：

100 万元×1.0% = 1 万元

（500–100）万元×0.8% = 3.2 万元

（1 000–500）万元×0.6% = 3.0 万元

现场勘察费=（1 + 3.2 + 3.0）万元 = 7.2 万元

5. 工程设计费

工程设计费采用差额定率累进法计算，其费率如表 9-11 所示。

表 9-11 工程设计费费率表

工程费用/万元	总费率/%	其 中	
		初步设计/%	施工图设计/%
10（含）以内	6.50	2.60	3.90
10～50（含）	6.20	2.48	2.72
50～100（含）	6.00	2.40	3.60
100～200（含）	5.80	2.32	3.48
200～500（含）	5.40	2.16	3.24
500～1 000（含）	5.00	2.00	3.0
1000～5 000（含）	4.50	1.80	2.70
5 000～10 000（含）	4.00	1.60	2.40
10 000 以上	3.50	1.40	2.10

注：（1）本表按照国家发展改革委、建设部《关于发布〈工程勘察设计收费管理规定〉的通知》（计价格[2002]10 号）规定编制；如该文件更新，按新文件相关规定执行。

（2）工程设计通常包括初步设计和施工图设计两个阶段。一次性设计直接输出施工图设计文件，设计费率按总费率计取。

例如：某工程工程费用为 200 万元，则工程设计费计算如下：

10 万元×6.5% = 0.65 万元

（50–10）万元×6.2% = 2.48 万元

（100–50）万元×6.0 % = 3.00 万元

（200–100）万元×5.8% = 5.8 万元

工程设计费 =（0.65 + 2.48 + 3.00 +5.8）万元 = 11.93 万元

6. 建设工程监理费

建设工程监理费包括施工监理服务费和勘察、设计、保修等阶段的相关监理服务费。

（1）施工监理服务费按照如下公式计算：

施工监理服务收费 = 施工监理服务收费基准价×（1±20%）

施工监理服务收费基准价 = 施工监理服务收费基价×高程调整系数

施工监理服务费基准价，根据工程费用在相对应的区间内用直线内插法计算，如表 9-12 所示；高程调整系数如表 9-13 所示。

表 9-12　施工监理服务收费基准价

序号	工 程 费 用	收 费 基 价
1	500	16.5
2	1 000	30.1
3	3 000	78.1
4	5 000	120.8
5	8 000	181.0
6	10 000	218.6
7	20 000	393.4
8	40 000	708.2
9	60 000	991.4

表 9-13　高程调整系数

序号	海拔高程/m	调 整 系 数
1	1 001 以下	1
2	2 001～3 000	1.1
3	3 001～3500	1.2
4	3 501～4 000	1.3
5	4 001 以上	由发包人和监理人协商确定

例如：某工程工程费用为 2 500 万元，则施工监理服务费计算如下：

施工监理服务费= 30.1 万元+（78.1–30.1）÷（3 000–1 000）×（2 500–1 000）万元

= 66.1 万元

（2）勘察、设计、保修等阶段的相关监理服务费一般按相关服务工作所需工日和表 9-14 所示的规定收费。

表 9-14 建设工程监理与相关服务人员工日费用标准

建设工程监理与相关服务人员职级	工日费用标准/元
高级专家	1 000～2 000
高级专业技术职称的监理与相关服务人员	800～1 000
中级专业技术职称的监理与相关服务人员	600～800
初级及以下专业技术职称监理与相关服务人员	300～600

注：施工监理服务费按照国家发展改革委、建设部关于印发《建设工程监理与相关服务收费规定》的通知（发改价格[2007]670号）规定编制；如该文件更新，按新文件相关规定执行。

7. 工程保险费

工程保险费可根据工程特点选择投保险种，根据投保合同计列保险费用；不投保的工程不计取此项费用。

9.3.3 预备费和专项费用

1. 基本预备费

基本预备费包括设计及工程量变更增加费、一般性自然灾害损失和预防费、竣工验收隐蔽工程开挖和修复费等。基本预备费费率如表 9-15 所示。

表 9-15 基本预备费费率

序号	设计阶段	费率/%
1	可行性研究	10～15
2	实验设计	7～8
3	施工图设计	2～4

注：费用计算基数 = 设备材料购置费+安装工程费+工程建设其他费用，具体费率由设计单位和建设单位协商确定。

2. 价差预备费

价差预备费包括人工、设备、材料、施工机械、仪器仪表的价差费，以及建筑安装工程费及工程建设其他费用调整，利率、汇率调整等增加的费用。

价差预备费一般根据国家规定的投资总额和价格指数，以估算年份价格水平的投资额为基数，采用复利方法计算。

3. 专项费用

建设期贷款利息、铺底流动资金等专项费用根据项目建设需要，按照相关规定计算。

9.4 安防工程维护保养费

9.4.1 费用组成

安全防范系统维护保养费用包括维护保养勘察设计费、维护保养服务费和其他费用。

维护保养勘察设计费是系统勘察、分析和评估费用及维护保养方案编制费的总称。

维护保养服务费指开展日常维护保养工作、承担维护保养责任和义务所需的费用，包括直接费用（含直接服务费、措施费等）、间接费用（含企业管理费、规费等）、利润、税金等。

维护保养其他费用指为确保安全防范系统正常工作而发生的、除维护保养勘察设计费、维护保养服务费以外的费用（如设备维修/更新费、备品备件购置费、系统或设备检测费、重大节假日/重大活动及其他特殊原因需运行保障而产生的费用等）。

9.4.2 维护保养勘察设计费

维护保养勘察设计费采用差额定率累进法计算，其费率按工程勘察费和工程设计费总和的30%计取，如表9-16所示。

表9-16　维护保养勘察设计费费率

序号	计费额/万元	费率/%
1	10（含）以内	2.25
2	10～50（含）	2.16
3	50～100（含）	2.10
4	100～200（含）	1.98
5	200～500（含）	1.86
6	500～1 000（含）	1.68
7	1 000 以上	1.50
注：计费额为工程建设项目设备材料购置费。		

例如：某安全防范系统工程建设项目的设备材料购置费为600万元，则维护保养勘察设计费计算如下：

10 万元×2.25%=0.225 万元

（50–100）万元×2.16% = 0.864 万元

（100–50）万元×2.10% = 1.050 万元

（200–100）万元×1.98% = 1.980 万元

（500–200）万元×1.86% = 5.580 万元

（600–500）万元×1.68% = 1.680 万元

维护保养勘察设计费 =（0.225+0.864+1.050+1.980+5.580+1.680）万元

= 11.379 万元

9.4.3 维护保养服务费

安防工程维护保养服务费的计算方法有工作量法和比例法。

1. 工作量法

维护保养服务费按照安装工程费的取费方式进行计算，按下列方式计算人工费、材料费、施工机具使用费，并采用相关的国家、地方或行业费用定额计取企业管理费、利润、规费、税金后，汇总算出维护保养费。

1）人工费

人工费按照工作量法进行计算：

（1）应依据所属地区劳动部门颁布的《职工历年平均工资》《管理人员及专业技术人员部分职业工资指导价位》等，并结合维护保养人才市场实际情况，确定不同类型不同级别的维护保养技术人员的年工资标准。

（2）应根据不同维护保养任务的资质要求，以及不同级别技术人员的年工资范围，确定完成该项任务该级别维护保养人员的年工资额。

（3）应进行工资转换，确定各级别维护保养人员的小时工资和月工资标准（如表 9-17 所示），计算每项任务的人工费，最后累计得出总人工费。

表 9-17　人工费计算一览表

序号	项目分类	维护保养任务	人员级别	周期	维保次数	要求作业时间	总工日	工日单价/元	工人费/元	备注
1										
2										
	......									
	总人工费									

2）材料费

材料费计算公式如下：

$$材料费 = 材料预算价格 × 维护保养材料用量$$

3）施工机具使用费

施工机具使用费计算公式如下：

$$施工机具使用费 = 施工机具台班基价 × 施工机具台班用量$$

2. 比例法

维护保养服务费按照工程系统验收保质期后的运行年限计取，其费率如表 9-18 所示。

表 9-18　维护保养服务费费率

序号	保质期后运行年限	费率/%
1	3 年以内	4.0
2	3～5 年	5.0
3	5 年以后	6.0
注：（1）计费额基础为工程建设项目设备材料购置费；		
（2）设备器材的维修更换按实际发生费用另行计取。		

3. 维护保养其他费用

维护保养其他费用由建设/使用单位和维护保养单位根据国家现行的相关取费标准协商计取。由于人为因素造成的系统故障，所发生的维护、维修费用应根据实际发生的数额另行计取。

第10章　安全防范工程技术文件的编制

安全防范工程技术文件的编制，要符合国家、行业和地方有关安全防范工程建设的管理规定，要正确选用国家、行业和地方标准规范，所采用的版本均应为现行的有效版本。安全防范工程技术文件包括：项目建议书、可行性研究报告、设计任务书、初步设计文件、施工图设计文件、竣工资料等。

安全防范工程技术文件的编制深度应按以下原则进行：

（1）项目建议书应满足项目立项和编制可行性研究报告的需要。

（2）可行性研究报告应满足编制初步设计文件的需要。

（3）设计任务书应作为编制初步设计文件、施工图设计文件的基本依据。

（4）初步设计文件应满足编制施工图设计文件的需要。对于代初步设计的可行性研究报告，其编制深度应满足初步设计的要求。

（5）施工图设计文件应满足设备材料采购、非标准设备制作和工程施工的需要。

（6）竣工资料应作为项目建成后使用、维护保养、改建与扩建的依据和凭证。

现场勘察报告的编制应满足 GB 50348 的要求。图纸的编制应满足 GB/T 50786 的要求，图形符号应符合 GA/T 74 的规定。当设计合同对技术文件编制深度另有要求时，技术文件编制深度应同时满足 GA/T 1185 和设计合同的要求。

10.1　项目建议书

项目建议书是项目建设单位或项目法人针对新建、改建、扩建安全防范工程向其主管部门申报的书面申请文件。它是项目建设单位或项目法人根据安全防范需要而提出的建议性文件，是拟建项目总体设想的框架性文件。

10.1.1　项目建议书概述

项目建议书可为安全防范工程建设的立项提供投资、决策依据。在编制项目建议书前，可进行现场勘察。项目建议书应结合建设单位的安全防范现状，着重分析原有安全防范措施的差距和不足，提出安全防范的实际需求，突出安全防范工程建设的必要性、紧迫性。

项目建议书应简练、概括地表达建设项目的主要内容，包括项目概况、安全防范现状描述、项目建设的必要性、需求分析、项目建设的条件、建设依据、建设方案综述、系统设计、项目机构和人员、项目建设进度安排、投资额度及资金筹措、效益与风险分析、结论和附件等。项目建议书设计文本的形式可以是文字描述，也可以是文字结合图形描述。

10.1.2　项目建议书的编制要求

（1）项目概况，包括：

➢ 项目基本信息：项目名称、建设地点、建设方名称等；

➢ 项目建设地概况：区域位置、地形地貌、气象条件、水文地质、电磁环境等。

（2）安全防范现状描述，其内容包括：

➢ 现有安全防范（包括人力防范、实体防范、技术防范等）措施；

➢ 现有安全防范系统的概况。

（3）项目建设的必要性，包括：

➢ 简述有关政策法规、周边社会环境、安全防范管理等与项目建设相关的内容；

➢ 分析原有安全防范措施存在的主要问题和差距；

➢ 提出安全防范实际工作中需要解决的问题，阐述安全防范工程建设的意义和必要性。

（4）需求分析，其内容包括：

➢ 根据国家现行相关规定或标准规范，确定风险等级、防护级别或防护要求；

➢ 根据相应的风险等级、防护级别或防护要求，进行系统功能和性能需求分析，提出项目建设内容。

（5）项目建设的条件，包括：

➢ 政策、资源、法律法规等支持条件；

➢ 环境、气候、技术等场址建设条件；

➢ 其他条件。

（6）建设依据，其包括：

➢ 主要依据的政策法规文件；

➢ 采用的主要标准规范。

（7）建设方案综述，其内容包括：

➢ 项目建设的总体原则；

➢ 项目建设的可量化、可考核目标（包括安全防范工程建设目标和建设规模等）；

➢ 安全防范系统的整体框架描述，包括人力防范、实体防范、技术防范建设的基本内容，技术防范系统的组成以及各子系统相互之间的关系等；

➢ 对于改建、扩建项目，概要描述项目建设内容与原有系统之间的关系。

（8）系统设计，其内容包括：

➢ 入侵报警、视频安防监控、出入口控制、电子巡查、声音复核、停车场（库）管理、专用通信、供配电等子系统的功能概述，设备布置原则，主要设备类型及数量等；

➢ 防爆安全检查子系统：功能概述、设备布置原则、类型及数量，检出物处理设备类型及数量等；

➢ 安全管理子系统：功能概述，系统硬件、软件配置及数量等；

➢ 监控中心（含分控中心、设备机房）：监控中心选址、建设和改造内容等；

➢ 实体防护建设：实体防护设施改造，建设的内容、类型及数量等。

➢ 特殊应用说明：安全防范工程建设的特殊需求。

（9）项目组织机构和人员，其内容包括：

➢ 项目建设单位的组织建设、管理体系及其职责；

➢ 项目实施单位的机构、人员设置及其职责；

➢ 项目实施后系统运行维护的机构、人员配置和技术能力要求。

（10）项目实施进度，其内容包括：

➢ 项目建设阶段的划分和相应的建设工期；

➢ 项目各建设阶段的实施内容和进度安排。

（11）投资额度及资金筹措，其内容包括：

> 投资额度说明：各项建设内容的估算依据和取费标准；

> 项目总投资额度及投资额度表：项目建设总投资额、项目建设投资额度表及其构成；

> 资金筹措：项目投资的资金来源和落实情况说明，包括中央投资、地方投资和项目建设单位自筹资金以及相应的资金额度。

（12）效益与风险分析，其内容包括：

> 项目建成后的效益分析；

> 项目建设风险因素的识别和分析，对应的风险管理措施。

（13）附件，包括：

> 与项目建设内容相关的文件，如风险分析与评估报告、整改通知单等；

> 必要的附图、附表等。

10.2　可行性研究报告

可行性研究报告应能够为安全防范工程建设提供投资决策依据。在编制可行性研究报告之前，应进行现场勘察，并编制现场勘察报告。可行性研究报告应细化项目建设需求、建设方案和风险分析等内容。对于复杂和特殊的工程，应对影响安全防范系统功能或性能的技术路线、主要设备选型等内容进行必要的多方案比较。

可行性研究报告的实质，是对项目建设规模、技术、工程、经济等方面进行分析，完成包括设备选型、系统建设、人员组织、实施计划、投资与成本、效益及风险等的论证、计算和评价，选定最佳建设方案。

可行性研究报告主要包括设计说明、设计图纸和工程造价（投资）估算等。

10.2.1　设计说明

1. 项目概况

项目概况的内容除了项目基本信息（项目名称、建设地点、建设方名称等）和项目建设地概况（区域位置、地形地貌、气象条件、水文地质、电磁环境等）外，还应包括：

（1）建设单位负责人和建设项目责任人；

（2）与项目建设相关的审批信息等。

2. 现状描述

现状描述的内容除了现有安全防范（包括人力防范、实体防范、技术防范等）措施和现有安全防范系统的概况外，还应列出现有安全防范系统的主要软件、硬件设备清单。

3. 需求分析和项目建设的必要性

关于需求分析和项目建设的必要性，其内容包括：简述有关政策法规、周边社会环境、安全防范管理等与项目建设相关的内容；分析原有安全防范措施所存在的主要问题和差距，提出安全防范实际工作中需要解决的问题，阐述安全防范工程建设的意义和必要性；根据国家现行相关规定或标准规范，确定风险等级、防护级别或防护要求；根据相应的风险等级、防护级别或防护要求，进行系统功能和性能需求分析，提出项目建设内容。此外，还应包括：

（1）对于改建项目，应对现有系统中软硬件设备、管线、材料等的使用情况和利用价值进行评估，进行"利用、改造或重新选型"等定性分析，列出原有的主要软硬件设备、管线、材料等清单，确定拟利用或改造的软硬件设备、管线、材料等清单。

（2）确定安全防范系统的基本框架和主要功能。

4. 项目建设条件

项目建设条件的内容除了政策、资源、法律法规等支持条件，环境、气候、技术等场址建设条件外，还应包括：

（1）项目建设地基础设施条件简述，包括建筑总图布置、建筑结构特征、供配电条件、网络与通信条件、道路与交通状况等；

（2）项目建设地周边人文环境条件简述，包括人员组成、社会治安状况、警务配置情况等。

5. 建设内容调整说明

当可行性研究报告与项目建议书的建设内容有重大差异时，应对调整内容、调整原因和调整依据等进行说明。

6. 设计依据

设计依据的内容除了所依据的政策法规文件和所采用的主要标准规范外，还应包括与项目建设相关的审批文件、评估报告等。

7. 总体设计

总体设计的内容包括：描述项目建设的总体原则，项目建设的可量化、可考核目标；安全防范系统的整体框架描述，包括人力防范、实体防范、技术防范建设的基本内容、技术防范系统的组成和各子系统相互之间的关系等；对于改建、扩建项目，概要描述项目建设内容与原有系统之间的关系。此外，还应包括：

（1）结合现场实际情况，合理划分防护区域，确定安全防护的类型，采取整体纵深防护或局部纵深防护；

（2）系统的基本组成概述；

（3）针对不同防护区域的特点，阐述安全防范的策略。

8. 系统设计

系统设计的内容包括：入侵报警、视频安防监控、出入口控制、电子巡查、声音复核、停车场（库）管理、专用通信、供配电等子系统的功能概述，设备布置原则，主要设备类型及数量；防爆安全检查子系统的功能概述、设备布置原则、类型及数量、检出物处理设备类型及数量等；安全管理子系统的功能概述，系统硬件、软件配置及数量等；监控中心的选址、建设和改造内容等；实体防护设施改造、建设的内容、类型及数量等。此外，还应包括：

（1）入侵报警、视频安防监控、出入口控制、电子巡查、声音复核、停车场（库）管理、专用通信、供配电等子系统：系统、设备主要性能指标，主要设备、材料的参考选型及数量等；

（2）防爆安全检查子系统：系统、设备主要性能指标、参考选型、检出物处理设备参考选型及数量等；

（3）安全管理子系统：系统集成、联动架构，系统主要硬件、软件参考选型及数量等；

（4）信息传输：系统传输路由、传输方式，传输设备及材料主要性能指标、参考选型及数量等；

（5）特殊应用说明：简述项目特殊建设需求所需的安全防范系统/设备的主要性能指标、参考选型及数量等。

9. 系统供配电及防雷、接地设计

系统供配电及防雷、接地设计的内容包括：

（1）各子系统的供配电方式、电源容量及电源保障措施等的说明；

（2）安全防范系统的负荷容量估算；

（3）安全防范系统的供电要求，包括电压等级、容量等技术指标；

（4）监控中心、分控中心、各分区备用电源的形式、电压等级和容量估算；

（5）供配电的传输路由、传输方式等的说明；

（6）系统的雷电防护措施；

（7）电气接地的设置要求和接地电阻要求。

10. 监控中心设计

监控中心设计的内容包括：

（1）监控中心（包括分控中心、设备机房）选址、周边环境、使用面积、功能区划分、建设、改造内容等；

（2）监控中心安全防护、应急通信等措施；

（3）监控中心对建筑环境的要求，包括建筑装饰、照明、温湿度、电磁环境等；

（4）监控中心对供电电源、防雷及接地系统的要求。

11. 实体防护设计

实体防护设计的内容包括：

（1）结合安全防范工作的使用需求和安全防范系统的建设目标，提出实体防范设施建设、改造的建议；

（2）对于包含实体防范设施建设或改造内容的安全防范工程，应提出新建/改造实体防范设施的部位、类型、数量等。

12. 主要设备清单

主要设备清单包括系统拟采用的主要设备的名称、参考型号和规格、数量等。

13. 项目组织机构和人员培训

项目组织机构和人员培训的内容除了项目建设单位的组织建设、管理体系及其职责，项目实施单位的机构、人员设置及其职责，项目实施后系统运行维护的机构、人员配置和技术能力要求外，还应包括：

（1）项目建成后系统运行维护的方式和维护保养方案；

（2）针对系统运行的机构设置和人员配置建议；

（3）系统操作使用、维护保养和管理人员的培训计划、培训方案、培训经费和测算依据等。

14. 项目实施进度

项目实施进度的内容除应满足项目建设阶段的划分和相应的建设工期以及项目各建设阶段的实施内容和进度安排外，还应绘制项目实施进度表。

15. 项目招标方案

项目招标方案的内容包括：

（1）招标范围：建设项目涉及的各单项工程、软硬件设备及服务（工程设计、施工、监理等）的具体招标范围；

（2）招标方式：建设项目涉及的各单项工程、软硬件设备及服务等招标内容所采取的招标采购方式；

（3）招标组织形式：各项招标内容所采取的招标组织形式。

16. 资估算和资金来源

关于投资估算和资金来源，除了投资额度说明、项目总投资额度及投资额度表和资金筹措的要求外，还应提出资金使用计划，并对系统建成的年运行经费进行估算。

17. 预期效果与效益分析

预期效果与效益分析的内容包括：

（1）项目建成后的预期效果分析、论证；

（2）项目建成后的效益分析、论证。

18. 项目风险与风险管理

项目风险分析与风险管理的内容包括：

（1）风险识别和分析：项目建设存在的风险因素识别和分析；

（2）风险对策和管理：应对风险的对策和风险管理措施。

19. 研究结论与建议

研究结论与建议的内容包括：

（1）针对项目建设的可行性研究结论；

（2）规避项目建设风险的建议。

20. 附件

附件的内容除应满足与项目建设内容相关的文件必要的附图、附表等要求外，还应包括：

（1）与项目建设相关的审批文件、现场勘察报告等；

（2）其他与可行性研究相关的材料。

10.2.2 设计图纸

设计图纸标题栏应完整，文字应准确、规范，应有相关人员签字、设计单位盖章。平面图应标明尺寸、比例和指北针，图纸中标注的图形符号、线条、文字等应清晰可见。设计图纸包括图纸目录、设计说明、图例、总平面图、系统图、传输路由图、监控中心布局图等；对于设备器材的布设，若设计说明中文字描述不足以充分表达，则应绘制设备器材平面布置图。

设计图纸应符合以下要求：

（1）设计说明：包括设计依据、设计内容概述、设备材料清单总表（包括类型、数量）。

（2）图例：包括建设项目中所涉及的所有设备、材料的图形符号。

（3）总平面图：

➢ 总平面图应能清晰表达项目建设范围内主要建（构）筑物的轮廓；

➢ 总平面图中应标示出建筑基地范围，周边现有及规划道路，周界主要出入口，现有建筑物的位置、名称、层数、间距、主要尺寸、监控中心位置等必要信息；

➢ 防护区域周界具有围墙、栅栏或其他实体分隔设施的，应在总平面图上予以标注，说明设施型式、高度、厚度、与周边建筑的间距等。

（4）系统图：

➢ 主控设备、前端设备类型及配置数量；

➢ 信号传输方式及设备、系统的连接关系。

（5）传输路由图：

➢ 信号及供配电传输主干路由；

➢ 信号及供配电传输主干线类型；

➢ 信号远程传输干线类型。

（6）设备器材平面布置图：

➢ 设备器材平面布置图中应包括设备器材的布设位置、名称、规格、数量及其他必要的说明；

➢ 室外设备器材可以在总平面图中布置；

➢ 对于改、扩建项目，应将拟改造利用的设备器材标注在平面布置图中，并将原有设备器材与新增设备器材予以区分；

➢ 对于重要防护区域、防护目标集中的区域，应绘制局部的设备器材平面布置图。

（7）监控中心布局图：

➢ 监控中心布局图应能清晰、准确地表达监控中心功能区域，以及设备机房建筑物的轮廓、平面尺寸等必要信息；

➢ 监控中心布局图中应绘出主要设备、机柜、机架的轮廓、位置及相关尺寸。

10.2.3　工程造价估算

工程造价（投资）估算按照国家现行标准规范 GA/T 70 的要求编制。工程造价（投资）估算要符合国家及行业主管部门、项目所在地政府有关主管部门的规定。估算总额应控制在已经批准的投资额度内；如果有超出，应说明理由。

工程造价（投资）估算文件包括封面、签署页（扉页）、目录、编制说明、项目总投资估算及投资估算表、资金来源及使用计划等。

10.3 设计任务书

10.3.1 任务书设计概述

设计任务书要根据国家相关规定、标准规范要求和管理、使用需求，清晰、明确、合理地提出安全防范目的、建设内容及功能性能要求等。

设计任务书要由建设单位确认并加盖公章。

10.3.2 设计任务书的编制

在进行安全防范工程设计之前，建设单位应根据安全防范需求，提出设计任务书。设计任务书包括以下主要内容：

（1）任务来源；

（2）编制依据；

（3）政府部门的有关规定和管理要求（含防护对象的风险等级和防护级别）；

（4）工程建设地概况；

（5）建设单位的安全管理现状与要求；

（6）安全防范工程建设指导思想；

（7）安全防范工程建设的目的和内容；

（8）安全防范系统的功能和性能要求；

（9）安全防范系统软硬件及材料的性能和品质要求；

（10）安全防范系统建设的特殊性要求；

（11）技术培训要求；

（12）质量保证及售后服务要求；

（13）安全防范工程建设投资控制额及资金来源；

（14）系统建成后达到的预期效果。

10.4 初步设计文件

10.4.1 一般要求

在编制初步设计文件前，应进行现场勘察，并编制现场勘察报告。初步设计文件是对项目建设规模、技术、工程、经济等方面进行综合分析和初步的设计计算，提出实现建设项目设计目标、解决重大技术问题等的具体实施方案。

初步设计文件应包括设计说明、初步设计图纸、主要设备和材料清单以及工程概算书等。其中，设计说明的描述及设备材料清单应能清晰反映各防护区设备的配置情况。

10.4.2 设计说明

1. 项目概况

项目概况的内容包括项目基本信息（项目名称、建设地点、建设方名称等）和项目建设地概况（区域位置、地形地貌、气象条件、水文地质、电磁环境等），建设单位负责人和建设项目责任人，以及项目建设相关的审批信息等。

2. 评审意见响应及方案调整说明

评审意见响应及方案调整说明的内容包括：

（1）对可行性研究报告评审过程中提出的意见和建议，逐条进行响应并做简要说明；对于不予采纳的意见或建议，应详述相应的理由。

（2）当初步设计与可行性研究报告建设内容有重大差异时，应对调整内容、调整原因和调整依据等进行详细说明。

3. 需求分析

需求分析主要是阐述有关政策法规、周边社会环境、安全防范管理等与项目建设相关的内容。其中包括：分析原有安全防范措施存在的主要问题和差距，提出安全防范实际工作中需要解决的问题，阐述安全防范工程建设的意义和必要性；根据国家现行相关规定或标准规范，确定风险等级、防护级别或防护要求，并根据相应的风险等级、防护级别或防护要求，进行系统功能和性能需求分析，提出项目建设内容；对于改建项目，应对现有系统中软硬件设备、管线、材料等的使用情况和利用价值进行评估，进行"利用、改造或重新选型"等定性分析，列出原有的主要软硬件设备、管线、材料等清单，确定拟利用或改造的软硬件设备、管线、材料等清单；确定安全防范系统的基本框架和主要功能；根据防护目标的防护级别及安全防范需求，进行风险识别、分析和评估。

4. 项目建设条件

项目建设条件的内容包括：应满足的政策、资源、法律法规等支持条件，环境、气候、技术等场址建设条件；项目建设地基础设施条件简述，包括建筑总图布置、建筑结构特征、供配电条件、网络与通信条件、道路与交通状况；项目建设地周边人文环境条件简述，包括人员组成、社会治安状况、警务配置情况等。

5. 建设内容调整说明

当初步设计与项目可行性研究报告的建设内容有重大差异时，应对调整内容、调整原因和调整依据等进行说明。

6. 设计依据

设计依据的内容除了依据的政策法规文件和采用的主要标准规范，与项目建设相关的审批文件、评估报告要求外，还包括经批准的项目可行性研究报告、专家论证会的会议纪要、现场勘察报告、设计任务书、设计合同书等。

7. 总体设计

总体设计的内容：项目建设的总体原则；项目建设的可量化、可考核目标；安全防范系统的整体框架描述，包括人力防范、实体防范、技术防范建设的基本内容、技术防范系统的组成和各子系统相互之间的关系等；对于改建、扩建项目，概要描述项目建设内容与原有系统之间的关系；根据现场实际情况，合理划分防护区域，确定安全防护的类型，采取整体纵深防护或局部纵深防护；针对不同防护区域的特点，阐述安全防范的策略。此外，还包括：

（1）设计理念简述，包括设计指导思想、设计目标和应遵循的基本原则等；

（2）安全防范系统、各子系统及主要设备的技术指标；

（3）对于改、扩建项目，应重点说明改、扩建的内容、范围及与原有安全防范系统的接口关系等。

8. 系统设计

系统设计的内容包括：入侵报警、视频安防监控、出入口控制、电子巡查、声音复核、停车场（库）管理、专用通信、供配电等子系统的功能概述，设备布置原则，主要性能指标，主要设备、材料的类型、参考选型及数量；防爆安全检查子系统的功能概述，设备布置原则、类型及数量，主要性能指标，检出物处理设备类型、参考选型及数量等；安全管理子系统的功能概述，系统硬件、软件配置及数量，系统集成、联动架构，系统主要硬件、软件参考选型及数量等；监控中心的选址、建设和改造内容等；实体防护设施建设、改造的内容、类型及数量等的要求；系统传输路由、传输方式，传输设备及材料主要性能指标、参考选型及数量等；特殊应用说明，即简述项目特殊建设需求所需的安全防范系统/设备的主要性能指标、参考选型及数量等。此外，还包括：

（1）入侵报警子系统：防护区域划分、探测器设置及选型、布防、撤防策略、电源与备用电源容量计算、处警时间计算及保证措施等；

（2）视频安防监控子系统：视音频的存储方式、存储时间、存储介质容量等初步设计计算，环境照度的保证措施等；

（3）出入控制子系统：控制策略、受控区划分、前端设备电源保障措施、应急疏散措施等；

（4）电子巡查子系统：巡查线路规划等；

（5）停车场（库）管理子系统：系统构建模式，车辆管控规划等；

（6）防爆安全检查子系统：防爆安全检查流程规划及设备安装位置、检出物处理设备安装位置等；

（7）安全管理子系统：说明安全防范系统与其他系统（如楼寓智能监控系统、火灾自动报警系统、照明系统等）的集成、联动需求，系统集成、联动实现方法及接口，系统软硬件性能指标等。

9. 信息传输设计

信息传输设计的内容包括：

（1）系统、设备的信息传输路由、传输方式等；

（2）系统、设备信息传输管线的种类、规格、数量及敷设方式；

（3）信息传输的安全性、实时性和可靠性分析。

10. 系统供配电及防雷、接地设计

系统供配电及防雷、接地设计的内容包括：

（1）对各子系统的供配电方式、电源容量及电源保障措施等的说明；

（2）安全防范系统的负荷容量估算；

（3）安全防范系统的供电要求，包括电压等级、容量等技术指标；

（4）监控中心、分控中心、各分区备用电源的形式、电压等级和容量估算；

（5）对供配电的传输路由、传输方式等的说明；

（6）系统的雷电防护措施；

（7）电气接地的设置要求和接地电阻要求；

（8）根据系统的总负荷容量提出的供电要求，包括城市电网提供电源的电压等级、回路数和容量等技术指标；

（9）系统、设备供配电传输管线的种类、规格、数量及敷设方式；

（10）系统、设备的雷电防护设备选型、性能指标及数量；

（11）涉及接地装置建设项目的，要明确相关设备材料的选型、性能指标及数量等。

11. 系统安全性、可靠性、电磁兼容性及环境适应性分析

系统安全性、可靠性、电磁兼容性及环境适应性分析的内容包括：

（1）选用设备/系统、信号传输、供配电的安全性和可靠性分析、评估；

（2）选用设备的电磁兼容性和环境适应性分析、评估。

12. 监控中心设计

监控中心设计的内容包括：

（1）监控中心（包括分控中心、设备机房）的选址、周边环境、使用面积以及建设、改造内容等；

（2）监控中心安全防护、应急通信等措施；

（3）监控中心对建筑环境的要求，包括建筑装饰、照明、温湿度、电磁环境等；

（4）监控中心对供电电源、防雷及接地系统的要求；

（5）监控中心功能区域的划分及设备（包括电视墙、控制台、控制/记录设备、传输设备、供配电备、防雷设备等）的布置；

（6）监控中心信号传输、供配电传输管线的种类、规格、数量及敷设方式；

（7）监控中心防雷、接地的实现方法。

13. 实体防护设计

实体防护设计的内容包括：

（1）结合安全防范工作的使用需求和安全防范系统的建设目标，提出实体防范设施的建设、改造的建议；

（2）对于包含实体防范设施建设或改造内容的安全防范工程，应提出新建/改造实体防范设施的部位、类型、数量等；

（3）提出实体防范设施的建设或改造建议，并进行适用性、有效性评估和分析；

（4）对于包含实体防范设施建设或改造内容的安全防范工程，应提出实体防范设施建设或改造的实施方案，明确实体防范设施的规格/型号。

14. 人力防范设计

人力防范设计的内容包括：

（1）提出安全防范组织管理（包括机构设置、人员配置、管理流程等）的要求或建议；

（2）提出处警响应时间要求。

15. 项目建成后的预期效果和效益分析

项目建成后的预期效果和效益分析的内容，应满足项目建成后预期效果分析、论证和项目建成后效益分析、论证的要求。

16. 附件

附件的内容包括：

（1）与项目建设相关的审批文件、评估报告；

（2）行业主管部门或建设单位对安全防范工程建设、设备选型的要求；

（3）设计任务书和现场勘察报告；

（4）主要设备（含软件）和材料的认证证书或检验报告；

（5）其他与初步设计相关的材料等。

10.4.3 初步设计图纸

1. 设计图纸的一般要求

设计图纸一般应满足以下要求：设计图纸标题栏完整，文字应准确、规范，应有相关人员签字和设计单位盖章；平面图应标明尺寸、比例和指北针，图纸中标注的图形符号、线条、文字等应清晰可见。

2. 设计图纸的内容要求

设计图纸包括图纸目录、设计说明、图例、总平面图、系统图、设备器材平面布置图、传输及系统布线图、监控中心布局图等。设计图纸除应满足 10.2.2 节可行性研究报告中设计图纸的要求外，还应符合以下要求：

（1）设备器材平面布置图：

➤ 图纸应能清晰表达主要结构和建筑构配件的位置，房间名称，墙体、建筑门窗位置/材质/尺寸，楼层标高等必要信息；

➤ 设备器材平面布置图中应标明设备器材和设备箱（柜）的安装位置及其他必要的说明；

➤ 对于改、扩建项目，应将拟改造利用的设备器材标注在平面布置图中，并将原有设备器材与新增设备器材予以区分；

➤ 室外设备器材可在总平面图中布置。

（2）传输及系统布线图：

➤ 信号及供配电传输路由、传输方式、主要节点间距等；

➤ 远程传输方式、带宽、主要节点间距等；

➤ 信号传输线缆类型、管线规格、敷设方式、设备箱（柜）位置等；

➤ 供配电系统回路、电压等级、容量、传输线缆类型、管线规格、敷设方式、配电柜（箱）位置等。

（3）监控中心布局图：

➤ 监控中心（含分控中心、设备机房）布局图应能清晰、准确地表达监控中心建筑物的轮廓、与周边环境的关系，墙体、门窗、管线进出的位置等必要信息；

➤ 机柜/机架的位置，设备布设位置及数量等。

➤ 管线类型、规格、敷设方式等；

➤ 其他必要的说明。

10.4.4 主要设备和材料清单

主要设备和材料清单要单独列出，其内容包括系统拟采用的主要设备的名称、参考型号和规格、主要技术参数、数量等。

10.4.5 工程概算书

初步设计阶段应编制工程概算书。工程概算书的要求如下：

（1）应如实、完整、准确地反映项目初步设计的工程内容和工程量。

（2）应按照国家标准 GA/T 70 的要求编制。

（3）应符合行业主管部门、项目所在地政府有关主管部门的规定。概算总额应控制在已经批准的投资额度内；若有超出，应说明理由。

10.5 施工图设计文件

施工图设计文件应在获得评审通过的初步设计文件及评审意见的基础上编制。它是对初步设计内容的审查、核算和修订，应量化、准确地表达设计内容及设备、材料工艺要求等，对施工方、施工作业的特殊要求等应进行详尽说明。

施工图设计文件应包括设计说明、施工图设计图纸、设备材料清单及工程预算书等。

10.5.1 设计说明

1. 项目概况

项目概况的内容应满足以下要求：初步设计文件中根据现场勘察而编制的现场勘察报告；对于初步设计文件中对项目建设规模、技术、工程、经济等方面进行综合分析和初步的设计计算，提出实现建设项目设计目标、解决重大技术问题等的具体实施方案；初步设计文件中对设计说明、初步设计图纸、主要设备和材料清单及工程概算书的设计；设计说明描述及设备材料清单应能清晰反映各防护区设备的配置情况。

2. 评审意见响应及方案调整说明

评审意见响应及方案调整说明的内容包括：

（1）对初步设计方案评审过程中提出的意见和建议，应逐条进行响应并做简要说明。对于不予采纳的意见或建议，应详述相应的理由。

（2）针对施工图设计与初步设计内容有重大差异的部分，对调整内容、调整原因和调整依据进行说明。

3. 需求分析

需求分析的内容应满足 10.4.2 节初步设计文件的设计说明中需求分析的要求。

4. 项目建设条件

项目建设条件的内容应满足以下要求：政策、资源、法律法规等支持条件，环境、气候、技术等场址建设条件；项目建设地基础设施条件简述，包括建筑总图布置、建筑结构特征、供配电条件、网络与通信条件、道路与交通状况；项目建设地周边人文环境条件简述，包括人员组成、社会治安状况、警务配置情况等。

5. 设计依据

设计依据包括：所依据的政策法规文件和所采用的主要标准规范，与项目建设相关的审批文件、评估报告要求，经批准的项目可行性研究报告、专家论证会的会议纪要、现场勘察报告、设计任务书、设计合同书等。

6. 总体设计

总体设计的内容应满足 10.4.2 节设计说明中整体设计的要求。

7. 系统设计

系统设计的内容除应满足 10.4.2 节设计说明中系统设计的要求外，还应包括：

（1）入侵报警、视频安防监控、出入口控制、电子巡查、声音复核、停车场（库）管理、专用通信等系统：相关配套器材选型，系统及设备防护范围及防范效能，与其他系统的联动/集成关系、方式和接口等。

（2）特殊应用说明：与安全防范工作相关的特殊需求说明，与使用需求相对应的安全防范系统建设（系统功能性能、设备材料选型、施工工艺等）特殊性描述。

8. 信息传输设计

信息传输系统应满足：

（1）系统/设备的信息传输路由、传输方式等；

（2）系统/设备信息传输管线的种类、规格、数量及敷设方式；

（3）信息传输安全性、实时性、可靠性分析；

（3）提出信息传输管线施工的工艺和质量要求；

（4）对信息传输的安全性、实时性、可靠性等进行描述。

9. 系统供配电及防雷、接地设计

系统供配电及防雷、接地设计的内容应满足：

（1）各子系统的供配电方式、电源容量及电源保障措施等的说明；

（2）安全防范系统的负荷容量估算；

（3）安全防范系统的供电要求，包括电压等级、容量等技术指标；

（4）监控中心、分控中心、各分区备用电源的形式、电压等级和容量估算；

（5）供配电的传输路由、传输方式等的说明；

（6）系统的雷电防护措施；

（7）电气接地的设置要求和接地电阻要求；

（8）根据系统的总负荷容量提出的供电要求，包括城市电网提供电源的电压等级、回路数和容量等技术指标；

（9）系统、设备供配电传输管线的种类、规格、数量及敷设方式；

（10）系统、设备的雷电防护设备选型、性能指标及数量；

（11）涉及接地装置建设项目的，要明确相关设备材料的选型、性能指标及数量等；

（12）提出系统防雷设备器材的安装方式、施工工艺和施工质量要求；

（13）提出总等电位、局部等电位等接地装置的设置要求和接地电阻要求，需单独设置人工接地装置时应说明相应的埋设位置、施工方法和接地电阻要求。

10. 系统安全性、可靠性、电磁兼容性及环境适应性设计

系统安全性、可靠性、电磁兼容性及环境适应性设计，其内容应满足选用设备/系统、信号传输、供配电的安全性和可靠性分析、评估以及选用设备的电磁兼容性和环境适应性分析、评估的要求。

11. 监控中心设计

监控中心设计的内容除应满足：

（1）监控中心（包括分控中心、设备机房）的选址、周边环境、使用面积以及建设、改造内容等；

（2）监控中心安全防护、应急通信等措施；

（3）监控中心对建筑环境的要求，包括建筑装饰、照明、温湿度、电磁环境等；

（4）监控中心对供电电源、防雷及接地系统的要求；

（5）监控中心功能区域的划分及设备（包括电视墙、控制台、控制/记录设备、传输设备、供配电备、防雷设备等）的布置；

（6）监控中心信号传输、供配电传输管线的种类、规格、数量及敷设方式；

（7）监控中心防雷、接地的实现方法；

（8）监控中心（含分控中心、设备机房）管线施工和设备安装的工艺和质量要求。

12. 实体防护设计

实体防护设计的内容除应满足如下要求：

（1）结合安全防范工作的使用需求和安全防范系统的建设目标，提出实体防范设施的建设、改造的建议；

（2）对于包含实体防范设施建设或改造内容的安全防范工程，应提出新建/改造实体防范设施的部位、类型、数量等；

（3）提出实体防范设施的建设或改造建议，并进行适用性、有效性评估和分析；

（4）对于包含实体防范设施建设或改造内容的安全防范工程，应提出实体防范设施建设或改造的实施方案，明确实体防范设施的规格/型号；

（5）实体防范设施建设或改造的施工工艺和质量要求。

13. 人力防范设计

人力防范设计应明确安全防范的组织管理内容（包括机构设置、人员配置、管理流程等），并满足如下要求：

（1）提出安全防范组织管理（包括机构设置、人员配置、管理流程等）的要求或建议；

（2）提出处警响应时间要求。

14. 附件

附件的内容包括：
（1）与项目建设相关的审批文件、评估报告；
（2）行业主管部门或建设单位对安全防范工程建设、设备选型的要求；
（3）设计任务书和现场勘察报告；
（4）主要设备（含软件）和材料的认证证书或检验报告；
（5）其他与初步设计和施工图设计相关的材料等。

10.5.2 施工图设计图纸

1. 施工图设计图纸要求

施工图设计图纸除应满足 10.4.3 节初步设计图纸的要求外，还应符合以下要求：
（1）总平面图：
➤ 总平面图中应说明或标示出防护分区的边界和范围。
➤ 防护区域周界具有围墙、栅栏或其他实体分隔设施的，应在总平面图上予以标注，说明设施型式、高度、与周边建筑的间距等；当文字不足以充分表达时，应辅以立面图、剖面图等。
（2）系统图：
➤ 设备/系统的接口方式，含子系统之间或子系统与安全管理系统之间的接口关系；
➤ 供电方式；
➤ 其他必要的说明。
（3）设备器材平面布置图：
➤ 设备器材平面布置图中应标明设备器材及设备箱（柜）的编号、安装位置、安装要求等。
➤ 对设备器材安装、施工方法有特殊要求的，应提供详细的安装说明；必要时应绘制设备器材安装大样图。
（4）传输及系统布线图：
➤ 信号传输线缆类型、管线规格、敷设方式、设备箱(柜)位置和编号等。
➤ 供配电系统回路、电压等级、容量、传输线缆类型、管线规格、敷设方式、配电柜（箱）位置和编号等。
➤ 室外传输及系统布线图可在总平面图中布置，并应标明线缆沟、管孔或线管敷设位置及走向，人孔位置和尺寸，传输线缆类型、管线规格、敷设方式，设备箱(柜)位置和编号等。
➤ 对传输及系统布线施工方法有特殊要求的，应提供详细的施工说明；必要时应绘制施工大样图。
（5）监控中心布局图：
➤ 监控中心（含分控中心、设备机房）布局图应能清晰、准确地表达监控中心/机房建筑物的轮廓、与周边环境的关系、墙体材质/厚度、门窗位置/材质/尺寸、管线进出位置及洞口尺寸、地面/吊顶标高等必要信息。

- ➢ 标明操作/控制台、显示设备柜（墙）、设备机柜等的尺寸、安装位置及间距。
- ➢ 标明监控中心主控设备的安装位置、编号。
- ➢ 标明监控中心内管线类型、规格、数量、敷设方式、线缆编号。
- ➢ 标明监控中心内防雷接地的形式、接地材料要求、敷设要求、接地电阻值要求等。
- ➢ 对监控中心设备安装、管线施工及防雷接地等有特殊要求的，应提供详细的施工说明；必要时应绘制施工大样图。

10.5.3 设备材料清单和工程预算书

设备材料清单应单独列出。在设备材料清单中，应分别列出各子系统设备材料的名称、型号、规格、单位、数量、产地等。

施工图设计阶段应编制工程预算书。工程预算书应真实、完整、准确地反映工程项目建设的全部预算费用。工程预算书应按照 GA/T70 的要求编制，且应符合行业主管部门、项目所在地政府有关主管部门的规定。预算总额应控制在已经批准的投资额度内；若有超出，应说明理由。

10.6 竣工资料

10.6.1 竣工资料一般要求

竣工资料包括竣工文件和竣工图纸。竣工资料应能够反映项目建设全过程和项目真实面貌，能够为项目建成后的使用、维护保养、改建与扩建等提供基础资料。

竣工资料应完整齐全、准确真实、整洁美观、签章完备，竣工文件应与施工内容一致，竣工图纸应与施工现场一致。

10.6.2 竣工文件

竣工文件是工程项目从提出、立项、审批、勘察设计、施工到竣工投入使用全过程中所形成的文件、图表、声像等材料。各种文件、图表、声像等材料应完整、准确、清晰，并进行归档。

竣工文件包括建设项目的立项审批文件、设计文件、施工文件、验收证明文件、使用/维护手册、技术培训文件等。

1. 立项审批文件

立项审批文件包括：

（1）申请立项的文件；

（2）批准立项的文件；

（3）招投标或竞争性谈判文件（含相关答疑、承诺文件）；

（4）项目合同书（含合同书附件）等。

2. 设计文件

设计文件包括：

（1）设计任务书；

（2）初步设计文件；

（3）初步设计方案论证意见，并附论证会方案评审小组(评审委员会)名单；

（4）初步设计方案通过论证后，设计、施工单位和建设单位共同签署的整改落实意见；

（5）施工图设计文件等。

3. 施工文件

施工文件包括：

（1）开工报审资料；

（2）施工组织设计文件；

（3）设计变更资料；

（4）工程洽商资料；

（5）工作联系单；

（6）系统调试报告（含各子系统调试及系统联调记录）；

（7）工程竣工报验资料；

（8）会议纪要等。

4. 验收证明文件

验收证明文件包括：

（1）设备材料报验资料；

（2）隐蔽工程验收资料；

（3）施工质量检查、验收资料；

（4）设备、材料移交清单；

（5）系统调试开通记录；

（6）系统试运行报告（含试运行记录表）；

（7）项目建设工作总结报告；

（8）初步验收报告（含初步验收意见）；

（9）初步验收意见的整改落实报告；

（10）项目竣工报告；

（11）项目结算报告（包括工程结算说明、佐证材料）；

（12）系统自检或检验报告等。

5. 使用/维护手册

使用、维护手册包括：

（1）软硬件设备产品说明书；

（2）软件系统操作使用、日常维护手册；

（3）硬件设备操作使用、日常维护手册等。

6. 技术培训文件

技术培训文件包括：

（1）技术培训方案；

（2）技术培训记录；

（3）技术培训考核评价等。

10.6.3 竣工图纸

1. 竣工图纸的内容

竣工图纸包括以下主要内容：

（1）图纸目录；

（2）设计说明；

（3）图例；

（4）总平面图；

（5）系统图；

（6）设备器材平面布置图；

（7）传输及系统布线图；

（8）监控中心布局图；

（9）主控设备布置图；

（11）设备接线图；

（12）施工大样图等。

2. 竣工图纸要求

（1）竣工图纸应图面整洁，线条流畅，书写规范，标注明确，文字工整，字迹清晰，通篇不应有模糊不清之处。

（2）竣工图内容应与建设项目完工后的建设内容、设备布置、设备接线、传输路由、管线敷设等完全一致。

（3）凡在施工中完全按原设计施工、无任何变动的，可在原设计图上加盖"竣工图"标记章作为竣工图。

（4）施工内容变更未超过 30%时，可以直接用施工图改绘竣工图，并在施工图说明处注明变更内容，从修改位置引出变更说明。应保留原标题栏，并在其上方（上方无空白处时，可在其他适当位置）加盖"竣工图"标记章作为竣工图。

（5）凡结构形式改变、工艺改变、平面布置改变、施工内容改变以及有其他重大改变，或者图面变更面积超过30%的，不宜再在原施工图上修改、补充，应重新绘制竣工图。

（6）重新绘制竣工图时，若涉及变更，应依据实际变更内容绘图，并在图纸说明中标明"本页有变更，变更内容见 XXX（填写设计变更单或工程洽商单完整编号）"字样。

（7）竣工图编制完成后，应将"竣工图"标记章逐页加盖在图纸正面右下角的标题栏上方空白处或适当空白的位置。

（8）竣工图纸标题栏及"竣工图"标记章应由相关人员签章确认，签字应规范齐全，不应代签。

参 考 文 献

[1] GA/T 72—2013 楼寓对讲电控安全门通用技术条件.

[2] GA/T 1185—2014 安全防范工程技术文件编制深度要求.

[3] GA 1210—2014 楼寓对讲系统安全技术要求.

[4] GA/T 70—2014 安全防范工程建设与维护保养费用预算编制办法.

[5] GA/T 992—2012 停车库（场）出入口控制设备技术要求.

[6] GA/T 1132—2014 车辆出入口电动栏杆机技术要求.

[7] GB/T 31070.1—2014 楼寓对讲系统 第1部分：通用技术要求.

[8] 深圳市市场监督管理局. SZJG 44—2013 停车库（场）车辆图像和号牌信息采集与传输系统技术要求.

[10] GA/T 70—2014 安全防范工程建设与维护保养费用预算编制办法.

[10] GB 50348—2004 安全防范工程技术规范.

[12] GA/T 792.1—2008 城市监控报警联网系统 管理标准（第1部分）：图像信息采集、接入、使用管理要求.

[13] 网讯教育. 门禁及报警技术. 河北网讯网络实训基地.

[14] 福建省冠林科技有限公司. 楼宇对讲系统安装调试手册.

[15] 深圳市新三维机电有限公司. 两线制非可视智能楼宇对讲系统工程设计、安装调试、使用指导手册.

[16] 深圳市赋安智能安防系统有限公司. 楼宇对讲系统工程安装手册. 2014版.